Erwin Rutte

RHEIN · MAIN · DONAU

Wie – wann – warum sie wurden

Erwin Rutte

RHEIN · MAIN · DONAU

Wie – wann – warum
sie wurden

Eine geologische Geschichte

Jan Thorbecke Verlag Sigmaringen
1987

CIP-Kurztitelaufnahme der Deutschen Bibliothek

Rutte, Erwin:
Rhein, Main, Donau: wie – wann – warum sie wurden;
e. geolog. Geschichte / Erwin Rutte. Sigmaringen:
Thorbecke, 1987
    ISBN 3-7995-7045-4

Gesamtherstellung: M. Liehners Hofbuchdruckerei GmbH & Co., Sigmaringen
Printed in Germany · ISBN 3-7995-7045-4

Inhalt

Vorwort

Der Versuch, die Daten zur Geschichte von Rhein, Main und Donau zusammenzustellen, gründet sich auf eine längere Erfahrung. Seit 1947 befasse ich mich (damals in Freiburg i. Br. und Basel Geologie und Paläontologie studierend) mit der Entwicklung des Rheines. Die 1949 abgeschlossene Dissertation »Über Jungtertiär und Altdiluvium im südlichen Oberrheingebiet und den fossilen Karst der südbadischen Vorbergzone« ist 1950 in den Abhandlungen der Naturforschenden Gesellschaft Freiburg i. Br. gedruckt worden.

1953 kam ich als Dozent nach Würzburg, in die von Bomben stärkstens zerstörte Stadt am Main, zu einer Zeit, in der auch das letzte Sandkorn für den Wiederaufbau benötigt wurde. In den Sand- und Kiesgruben von Randersacker, wo seinerzeit der Arbeiter noch mit der Schaufel das Material durchs Sieb warf, wurden über Jahre hinweg die dabei anfallenden Knochen und Zähne eingesammelt. Die wichtigste Neuerkenntnis war der Nachweis von altpleistozänen Ablagerungen (»Mittelmaincromer«) fast auf der Sohle des heutigen Maintals, Äquivalenten zu den durch den Unterkiefer des *Homo erectus heidelbergensis* weltberühmten Neckarsander von Mauer bei Heidelberg.

In den sechziger Jahren konnten gleichaltrige weitere Wirbeltierfundstellen ober- und unterhalb Würzburgs aufgenommen werden. Längst ist das Mittelmaintal die wohl ergiebigste und aussagestärkste altpleistozäne Fundstellenregion Europas.

1966 und 1976 wurden in Ausgrabungskampagnen die beim Ausheben der Fundamente der neuen Universitäts-Nervenklinik am Würzburger Schalksberg gewonnenen Skelettelemente zu Zeugnissen der bisher einzigen »autochthonen« altpleistozänen Wirbeltierfundstelle der Welt. 1976 kamen die erwarteten Artefakte des *Homo erectus heidelbergensis* zum Vorschein. Während der anschließenden Bearbeitung des Bergungsgutes wurden die Spuren der Tätigkeit des Frühmenschen immer zahlreicher und eindeutiger.

Die Kontakte zur Vorgeschichte der Donau beginnen 1950 mit der geologischen Kartenaufnahme des Schienerberges am Westende des Bodensees, fortgesetzt in der Teilnahme an mehreren Ausgrabungen auf Pflanzen und Wirbeltiere der Fundstellen Bohlingen, Öhningen und Höwenegg. Eigene Kartierungen der Molasse auf Blatt Stockach am nordwestlichen Überlinger See mit den dort ungewöhnlich komplizierten Sedimentationssituationen und die damals bei der Feldarbeit gewonnenen Erfahrungen gestatten zahlreiche persönliche Stellungnahmen zur Landschaftsentwicklung der Regionen südwestlich vom Nördlinger Ries wie auch zu lokalen Folgen des Riesereignisses. Dann, seit 1953, werden mit der geologischen Kartierung von Blatt Kelheim Bezüge zu Urdonau, Altmühldonau und deren Zubringern zwangsläufig. Die intensive Befassung mit dem Themenkreis läßt immer wieder neue Ansichten erwachsen, nicht zuletzt dank Mitarbeit einer Reihe von Schülern, die über Detailkartierungen in der Altmühlalb eine Vielzahl neuer erdwissenschaftlicher Befunde ermittelt haben.

Die Aufzählung der vielen Einzelheiten zur Geschichte von Rhein, Main und Donau hat unter anderem zum Ziel, die Geschichte der ersten Menschen in Mitteleuropa zu dokumentieren und deren geologische Zeit zu erfassen, denn allein Flußgeschichte, die ihrerseits über

Fossilien datiert werden muß, liefert die geeigneten Unterlagen. Neue geologische und paläontologische Befunde lassen heute ein besseres Bild von Zeit, Raum und den Lebensumständen entwerfen.

Die Fülle fortschrittlicher wissenschaftlicher Erkenntnisse, die zahlreich gewordenen neuen Fachausdrücke, Auffassungsunterschiede wie kontroverse Ansichten, nicht zuletzt der in den Ländern traditionelle Wissenschafts-Individualismus machten die Arbeit am – übrigens noch nie behandelten – Thema nicht leicht. Ich habe versucht, das geologische wie paläontologische Geschehen in Mitteleuropa am Ausgang der Formation Tertiär sowie im Quartär auf Grundlage der meines Erachtens dafür allein geeigneten Kriterien, den Säugetier-Fossilien, in erdgeschichtlicher Abfolge darzustellen. Es ließ sich nicht vermeiden, ein weites geographisches Feld zu nutzen, versteckte Typlokalitäten auszugraben, unzählige Fossilien zu erwähnen, Fehlvorstellungen auszuräumen, aber auch Fragen aufzuwerfen sowie aufzuzeigen, wo es noch Forschungslücken gibt.

*

Die Einteilung der Kapitel folgt den zwölf entwicklungsgeschichtlich bedeutenden paläogeographischen Phasen. Abbildungen und Tabellen sind durchlaufend mit einer Nummer versehen; mit Ausnahme der besonders gekennzeichneten Bilder handelt es sich um eigene Arbeiten. Ein Glossar im Anhang erläutert die wichtigsten Fachausdrücke.

Mein Dank gilt all jenen, die durch ihre Hilfestellung die Abfassung dieses Werkes gefördert haben: Dr. Herta Anders, Kulmbach; Dipl.-Geol. Michael Appel, Würzburg; Dr. Horst Aust, Hannover; Emilie Keck, Würzburg; Klaus-Peter Kelber, Würzburg; Dipl.-Geol. Matthias Mäuser, Würzburg; Prof. Dr. Horst Mensching, Hamburg; Georg Mittelbach, Würzburg; Manfred Rubensdörfer, Pfofeld; Dipl.-Ing. Ralph Rutte, Zürich; Dipl.-Ing. Hans Peter Seidel, München; Karl Weber, Zirndorf; Dr. Hermann Wehner, Hannover, und ganz besonders Dipl.-Ing. Siegfried Rewitzer, Ihrlerstein, für die Luftbilder. Vorbildlich hat der Trägerverein Altmühltal die Kartierungsarbeiten einiger Diplomanden auf Blatt Riedenburg finanziell unterstützt. Die Deutsche Forschungsgemeinschaft ermöglichte die Präparationsarbeiten am Material aus dem Altpleistozän vom Würzburger Schalksberg.

Würzburg, im Frühjahr 1986   *Erwin Rutte*

Erläuterungen zur erdgeschichtlich-stratigraphischen Tabelle (Tab. 1)

Um die Geschichte von Rhein, Main und Donau darzustellen, ist es notwendig, auf die letzten 20 Millionen Jahre der Erdgeschichte und die zur Definition dieser Zeiten üblichen (und möglichen) stratigraphischen Begriffe einzugehen.

In der geologischen Zeitrechnung unterscheidet man zwischen der relativen und absoluten Altersbestimmung. Die Basis der relativen Chronologie ist das vom Dänen Nikolaus STENO (1638–87) formulierte Stratigraphische Grundgesetz; es besagt, daß die höher gelegene (hangende) Gesteinsschicht jünger als die unterlagernde (liegende) ist. Dieses zunächst nur auf Gesteinsunterschiede bezogene System wurde bald durch Einbeziehung der in den Gesteinen enthaltenen Fossilien, die für jede Schichteinheit eine charakteristische, sich niemals wiederholende Zusammensetzung haben, erweitert. Vergleiche von Schichtenfolgen gleichartigen Fossilgehalts mit solchen, in denen die Organismen einen Wandel erkennen lassen, gestatten die Aufstellung einer relativen Ordnung. Das geeignete Mittel, um das relative Alter von Schichten zuverlässig definieren zu können, sind die Leitfossilien – möglichst kurzzeitig existente, zugleich weitestverbreitete Formen aus den verschiedensten Ordnungen des Tier- und Pflanzenreichs. Die Biostratigraphie ist die Grundlage für die Zuordnung der Jahrmillionen seit dem Kambrium.

Allerdings gestattet die relative Chronologie keine absolute Zeitmessung. Um Vorstellungen von Dauer und Alter geologischer wie paläontologischer Phänomene zu bekommen, wurden Verfahren entwickelt, die es gestatten, Vorgänge in der erdgeschichtlichen Vergangenheit mit Jahreszahlen zu datieren. In der absoluten Chronologie werden mit verschiedenen Methoden, hauptsächlich physikalischen und chemischen, Festmarken definiert. Jedoch muß oft die relative Chronologie weitervermitteln, da die Meßmethoden nur an besondere Stoffe, meist Minerale, angetragen werden können.

Von den meisten Zeitabschnitten der hier zu betrachtenden Erdzeitalter Tertiär und Quartär fehlen uns indes – mit Ausnahme vulkanischer und impaktitischer Marken – noch zuverlässige absolute Daten. Darüber hinaus erweisen sich fluviatile Sedimente als ausgesprochen aussagearm.

Die meisten Zeitwerte verdanken wir der ^{14}C-(Radiokarbon-)Methode. Die beim Zusammentreffen der kosmischen Strahlung mit Gasen der Atmosphäre in Kernreaktionen entstandenen strahlenden Radionuklide werden unter das atmosphärische Kohlendioxyd gemischt, dann über die Assimilation und die Nahrungsketten zu Lebzeiten in organische Substanzen eingebaut bzw. über das im Boden gelöste Kohlendioxyd anorganischen Bildungen zugeführt; wir finden diese Radionuklide also auf der Erde in Holz, Torf, Holzkohle, Knochen, Muschelschalen, Korallen, Travertin, Höhlensinter, auch den Böden und der Kohlensäure im Wasser. Dadurch sind wir in der Lage, in speziellen Meßanlagen ihren gemäß dem radioaktiven Zerfallsgesetz reduzierten, altersabhängigen Anteil zu bestimmen. Präzisionsgeräte liefern für die Zeit vor 600 bis 20 000 Jahren Werte mit einer Genauigkeit von ±15 Jahren; Angaben bis vor 50 000 Jahren sind bereits weniger genau, bis vor 70 000 nur ausnahmsweise zutreffend.

Bei Sedimentgesteinen mit einem relativ hohen Anteil an eisenreichen Mineralkörnern kann die paläomagnetische Datierung angewendet werden. Minerale wie Magnetit, Hämatit, Magnetkies und Goethit haben sich im Augenblick der Sedimentation oft mit der Längsachse in die Richtung des Erdmagnetfeldes eingeregelt (Sedimentationsremanenz). Mittlerweile weiß man von vielen weltweit synchronen Umschlägen der Polarität und von Polumkehrungen. Die Abfolge dieser global verfolgbaren Zeitmarken aus den vergangenen 5 Millionen Jahren ist recht genau bekannt. Die besten Werte besitzen wir aus dem Zeitraum vor 690000 bis 3 Millionen Jahren. Im Magnetometer wird dann die Anordnung des Erdmagnetfeldes zur Zeit der Einlagerung der Mineralkörner über die Messung der Ausrichtung bestimmt.

Längere Perioden mit einheitlicher Polarität (Epochen; benannt nach Geomagnetikern, z. B. Brunhes, Matuyama) werden von kürzeren Perioden mit jeweils charakteristisch veränderter, umgekehrter Polarität (Events; benannt nach Typlokalitäten, z. B. Jaramillo, Olduvai) unterbrochen. Eine Zeitmarke ist der Übergang von der normalen Brunhes- zur inversen Matuyama-Epoche vor 690000 Jahren: weltweit wird das Wasser der Ozeane kühler, abzulesen an den Schalen mariner Kleinlebewesen; es beginnt, Anfang Mittelpleistozän, die erste Eiszeit (Mindel).

Das Alter des Rieseereignisses und des Höwenegg-Basaltes sind über die Kalium/Argon-Methode (hier dienen Mutter/Tochter-Isotopenhäufigkeitsverhältnisse als Zeitskala) berechnet worden. Gläser konnten über die fission-track-Altersbestimmung (eine auf Messung der Rückstoßspuren aufgrund von Strahlenschädigungen beruhende Methode) die dort auf anderem Wege gewonnenen Alterswerte bestätigen.

Formation – Abteilung

Das Quartär ist die jüngste Formation der Erdgeschichte. Miozän und Pliozän hingegen sind die Namen der beiden letzten Abteilungen der Formation Tertiär.

Das Quartär beginnt in Mitteleuropa mit dem Nachweis des ersten Pferdes *Equus* und des ersten Elefanten *Elephas*, das Pliozän mit der Einwanderung des ersten (dreizehigen) Pferdes *Hipparion*.

Abteilung – Unterabteilung

Das Quartär wird in die beiden Abteilungen Pleistozän (bis in die fünfziger Jahre galt die Bezeichnung »Diluvium«) und Holozän (Beginn: 8150 Jahre v. Chr.) gegliedert. Die Unterteilung in Ältest-, Alt-, Mittel- und Jungpleistozän beginnt sich, zumindest im deutschen Sprachgebiet, allmählich durchzusetzen.

Es sind letztlich traditionelle Gründe, welche die Abteilung Pliozän in zwei Unterabteilungen, Alt- und Jungpliozän, teilen. Es gibt also (wie auch in den Formationen Karbon, Perm und Kreide) nicht das sonst übliche Mittel-Glied. Hingegen werden in der Abteilung Miozän seit alters her die drei Einheiten Unter-, Mittel- und Obermiozän unterschieden. Die Grenzziehungen, auch die Bezeichnungen, werden allerdings von Land zu Land, auch von Autor zu Autor, verschieden aufgefaßt. Eine Einigung ist noch nicht in Sicht. Unsere Gliederung ist demgemäß ein Kompromiß. Er basiert auf den im Kerngebiet der drei Flüsse vertretbaren geologischen Marken.

12

Stufen- und Zonenbezeichnungen

In der Tabelle wird die Schwierigkeit deutlich, sich über die Landesgrenzen hinweg zu verständigen. Tatsächlich steht der gleiche stratigraphische Horizont hier im Pliozän, dort im Miozän, das Pont hier im Alt-, dort im Jungpliozän. Andererseits ist es bei Fluß-, See- und terrestrischen Sedimenten nicht nötig, die in der Regel auf eine bestimmte Region bezogenen Benennungen gewaltsam über die Grenzen hinweg anzuwenden. Die Verständigung gelingt mühelos, wenn zugleich mit den Stufen und Zonen die Abteilungen oder Unterabteilungen angeführt werden.

Die meisten Bezeichnungen gehen auf Typregionen und -lokalitäten ein (Sarmat, Parnon, Cromer, Würm). Auch können abgewandelte Abteilungs- und Unterabteilungsbezeichnungen (Unter-, Oberpliozän) gebräuchlich sein. In der Befassung mit den kontinentalen Bildungen Europas und Vorderasiens beginnt sich international eine auf Typregionen bezogene Stufengliederung durchzusetzen; sie wird zusätzlich durch die Nummer spezieller Säugetier-Zonen präzisiert. Im Wiener Becken hingegen werden stratigraphische Feinheiten mit Großbuchstaben zum Ausdruck gebracht.

Kapitel	Jahr-milli-onen	For-mation Abtei-lung	Abteilung Unterabteilung	Stufen- und Zonen-Bezeichnungen			
				Süddeutschland Schweiz	Österreich	Kontinentale Stufen	Niederlande
12		QUARTÄR	Holozän				
11			Jungpleistozän	Würm Eem			Weichselian Eemian
10			Mittelpleistozän	Riß Holstein Mindel		Biharium	Saalian Holsteinian Elsterian
9			Altpleistozän	Cromer			Cromerian
8			Ältestpleistozän	Villafranca		Villanium	Menapian Waalian Eburonian Tiglian Pretiglian
7	—2—	PLIOZÄN	Jungpliozän	Oberpliozän	Daz / Pont F-G	Ruscinium 17 16 15 14	Pliozän
6 5	—5— —10—		Altpliozän	Unterpliozän Pont	Pannon E D C B A	Turolium 13 12 11 / Vallesium 10 9	Miozän
4		MIOZÄN	Obermiozän	Sarmat	Sarmat	Astaracium 8 7 / 6	Miozän
2 3	—15—			Torton	Baden	Aragonium 5	
1			Mittelmiozän	Helvet	Karpat		

Tab. 1 Die für die Geschichte von Rhein, Main und Donau wichtigen tertiären und quartären Zeit-abschnitte und deren Untergliederung in den Ländern.

1. Mittelmiozän: Helvet/Karpat

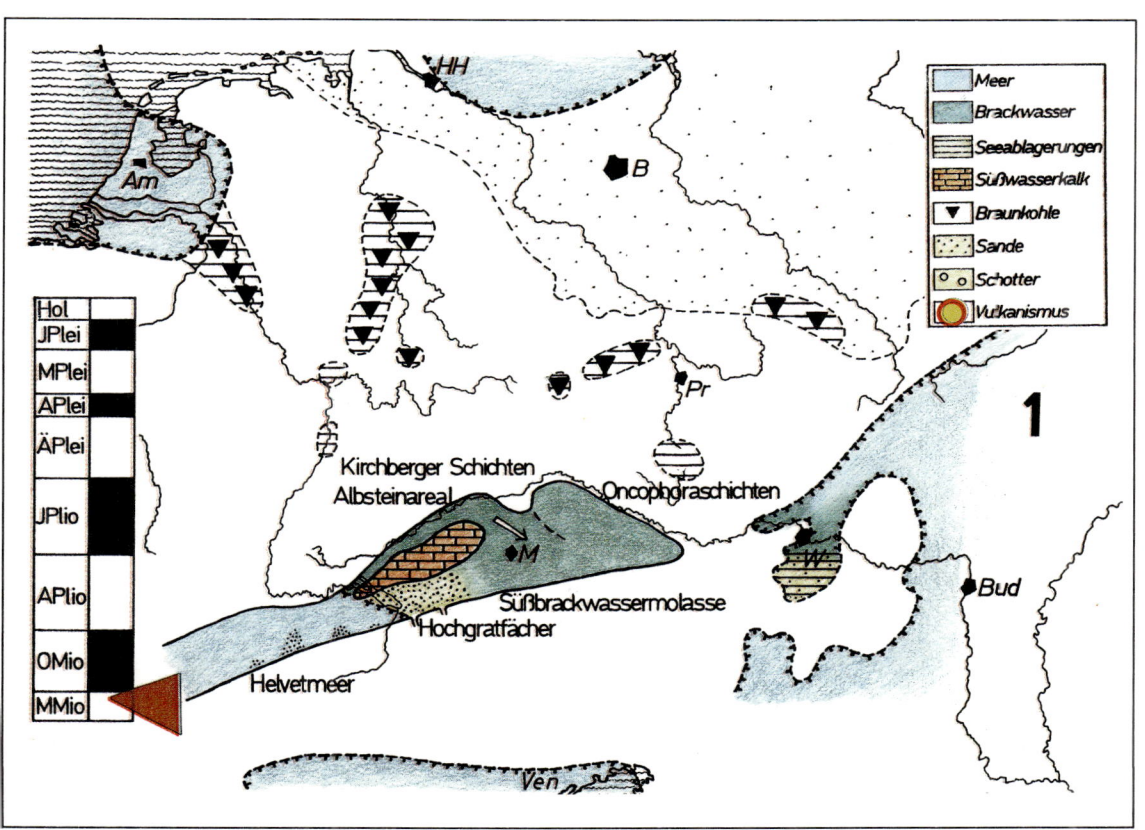

Meer bedeckt Teile der Schweiz und Umgebung Wiens – Brackwassermeere in Ober- und Niederbayern – Bindeglied Helvetische Meeresstraße – Das Kalkkrustenland des Albsteins

Mitteleuropa mit fremdartigem Gesicht

Die paläogeographische Situation läßt im Mittelmiozän keine Hinweise auf Rhein, Main und Donau erkennen. Gewisse Bezüge bestehen zwischen der Laufstrecke der Donau vor der Schwäbischen Alb und der Küste des damaligen Meeresarmes wie auch zu den späteren Mündungsbezirken im Nordseeraum oder im Wiener Becken.

In der Nordschweiz breitet sich ein schmales Binnenmeer, das Helvetmeer, aus. Der Verlauf der Nordküste läßt keine Beeinflussungen durch den Rheintalgraben, eher durch Schwarzwald und Vogesen erkennen. Die vielen Braunkohlenlagerstätten Nord- und Mitteldeutschlands – entstanden in weiträumigen Senken – zeigen ein Flachrelief an. Die Braunkohlenflöze im Egertalraum Nordwestböhmens wie auch in der Rhön sind geologisch erst später in die Mittelgebirgslage gebracht worden.

Die Helvetische Meeresstraße

Ausgehend vom Gebiet um Schaffhausen, verengt sich am Fuße der Schwäbischen Alb das Helvetmeer zu einer im Bodenseegebiet etwas breiteren, um Riedlingen engeren, 130 Kilometer langen, durchschnittlich zehn Kilometer breiten Meeresstraße, ungefähr in den topographischen Dimensionen der Dardanellen. Sie wird alsbald mit charakteristischen Sedimenten gefüllt und Graupensandrinne genannt. Die nördliche Begrenzung ist ein talzerfurchtes Karstland, die südliche das soeben vom Meere verlassene Albsteinareal. Im Nordosten schiebt sich die uralte, schon seit der Trias geologisch wirksame Erhebung der Ries-Tauber-Barre als breiter Küstenvorsprung vor und veranlaßt die Strömungen zu einer Richtungsänderung gegen Südosten.

Zuerst wird die Helvetische Meeresstraße mit den Grimmelfinger Schichten gefüllt; aber nur ein wenige Kilometer breiter Streifen am Nordrand. Es sind schräggeschichtete Sande aller Korngrößen mit zahlreichen (bezeichnenden) Feinkieslagen. Die höchstens taubeneigroßen Gerölle, in der Regel Graupen, bestehen aus weißem, gelbem und grauem Quarz, Jurahornstein und schwarzem, weiß geädertem Kieselschiefer. Im Bindemittel finden sich reichlich Feldspat und Glimmer, Kalke fehlen. Schrägschichtungsmessungen, Geröllanalyse und das Fehlen alpiner Komponenten lassen auf die nördliche fränkische Herkunft vermutlich aus aufgearbeiteten älteren Schottern schließen. Die Verbindung zum helvetischen Meere wird durch eine Reihe vollmariner Zeugen bewiesen. Es handelt sich um Glaukonit, Austern, Haifischzähne und Seekuhknochen. Für die Veränderung des marinen Milieus ist bezeichnend, daß diese Komponenten gegen Osten spärlicher werden.

Die Kirchberger Schichten bekunden eine innigere Verbindung mit dem Meer; Brackwasserbewohner (die Muscheln *Congeria*, *Cardium*, *Oncophora*) und Haifischzähne sind häufig. Sie vereinigen sich in einem Sediment aus glimmerigen Feinsanden, Kies und grauen Tonmergeln mit Süßwasserschnecken und Kleinsäugerresten. Ab und zu mischt sich im Hegau ein Juranagelfluh-, gelegentlich auch ein alpines Geröll ein. Es ist bekannt, daß weiterreichende Schüttungen mit ihren Spitzen Chiemsee und Salzach erreichen und sich dort mit der Süßbrackwassermolasse der Oncophoraschichten verzahnen.

Literatur: DONGUS 1960, 1977; GEYER & GWINNER 1979; HAHN & SCHREINER 1976; LEMCKE 1975, 1981, 1984; WAGNER 1961.

Süßwasserkalke und der Albstein

Zum Ende des Mittelmiozäns hebt sich die Region zwischen Bodensee und Schwäbischer Alb um etwa 20 Meter und verdrängt das Meer nach Westen. Der trockengefallene Meeresboden – eine weithin ebene Fläche – besteht aus den schluffig-sandigen sogenannten Deckschichten. Nach den Gesetzen der Kalkkrustenbildung geht daraus der harte, zwei Meter mächtige Albstein hervor. – Heute ist der Albstein der beste Leithorizont im Molassebecken. Mit seiner Hilfe können wir sowohl die Lagerungsverhältnisse als auch die ihm folgenden sedimentären Bildungen sehr gut beurteilen.

Das Albsteinareal nimmt eine Fläche von ungefähr 5000 Quadratkilometern ein – etwa so groß wie Korsika. Die spätere Erosion hat den Nordrand ein wenig beschnitten. Im Süden wird die Verbreitung von den Nagelfluhschüttungen des Hochgratfächers (Karte 1) unterdrückt.

Im Gebiet der Altmühlalb entstehen in den Niederungen vor der Küste der Meeresstraße in Süßwassertümpeln und am Ufer größerer Seen verschiedene Süßwasserkalke. Die meisten werden von Blaualgen aufgebaut, andere von einer einmaligen, nur im Obermiozän bekannten Kalkalge namens *Limnocodium*. Auch Schneckenkalke sind nicht selten. Alle Süßwasserkalke sind vom nachfolgenden Riesereignis betroffen und geben dann leicht identifizierbare Impaktgesteine ab.

Literatur: ERB, HAUS & RUTTE 1961; GEYER & GWINNER 1979.

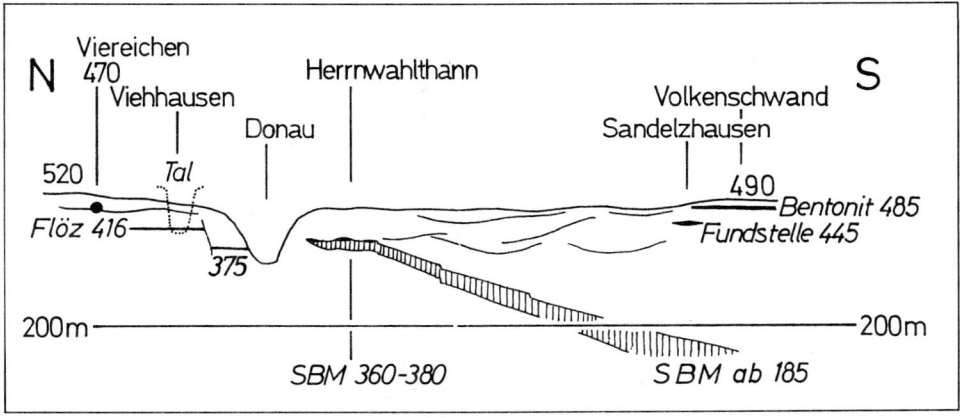

Abb. 2 Schematisches Nord-Süd-Profil durch die östliche Kelheimer Region. Die Süßbrackwassermolasse (SBM) taucht jäh in das Molassebecken ab. In der auflagernden Oberen Süßwassermolasse stellen die Fossilfundstellen Viehhausen und Sandelzhausen Bezüge zum Zeithorizont des im Riesereignis gebildeten Bentonits bzw. den Impaktphänomenen von Viereichen her. Die Verwerfungen des Viehhausener Braunkohlenflözes zeichnen tektonische Zerbrechungen nach dem Obermiozän ab.

Die Zeit der Brackwassermeere

Der Ausdruck Süßbrackwassermolasse, schon über 100 Jahre gebräuchlich, gibt einem räumlich wie sedimentologisch eigenartigen Verband den Namen. Tagesaufschlüsse gibt es nur bei Günzburg, im Raum Kelheim–Regensburg, bei Ortenburg, Simbach und in Oberösterreich vor Ried. Während in den Günzburger Vorkommen eine Verzahnung mit den Kirchberger Schichten erfolgt, ist über den Bezug zum Meere bei Wien mangels Dokumenten nichts bekannt. Ansonsten ist man zu ihrer Beurteilung auf Tiefbohrungen angewiesen.

Als anderer Name ist für die Sedimente dieses Restmeeres Oncophoraschichten gebräuchlich – nach der Brackwassermuschel *Oncophora* (sie heißt heute *Rzehakia*). Noch kleiner, aber weitaus häufiger ist die Muschel *Mactra*; bei Herrnwahlthann (Abb. 2) kommen auf handtellergroßer Fläche durchschnittlich acht Exemplare vor. *Oncophora* markiert die mächtigen Feinsandabsätze in Oberösterreich, im östlichen Niederbayern und im Landshuter Raum, *Mactra* die randnahe gebildeten Tone südlich des Regensburger Donauknies.

Trotz dieser Nähe zum Festland sind in der Sedimentausbildung nirgendwo terrestrische, nicht einmal küstentypische Einflüsse auszumachen. Daraus ist zu folgern, daß der Vorstoß der See bis vor die Tore Regensburgs über ein nicht nennenswert reliefiertes Flachland erfolgte. Ist im Mittelmiozän die Regensburger Pforte, die zur Zeit der Kreide die dortige Grünsandsteinverbreitung gesteuert hatte, wieder aufgegangen? Ist damit der ebenso auffällige wie eigenartige Norddrall der Donau nach Regensburg – sie erreicht dort den nördlichsten Punkt der Laufstrecke – auch eine Reaktion auf das weite Vorstoßen der Süßbrackwassermolasse? Ist eventuell die fingerförmig-schmale Bucht des Wiener Oncophorameeres – Melk wird erreicht – eine Empfehlung für den späteren Donaulauf?

Literatur: Fuchs 1980; Lemcke 1975, 1981, 1984; Rögl, Steininger & Müller 1978; Weber 1978.

2. Tiefes Obermiozän: Vor dem Riesereignis

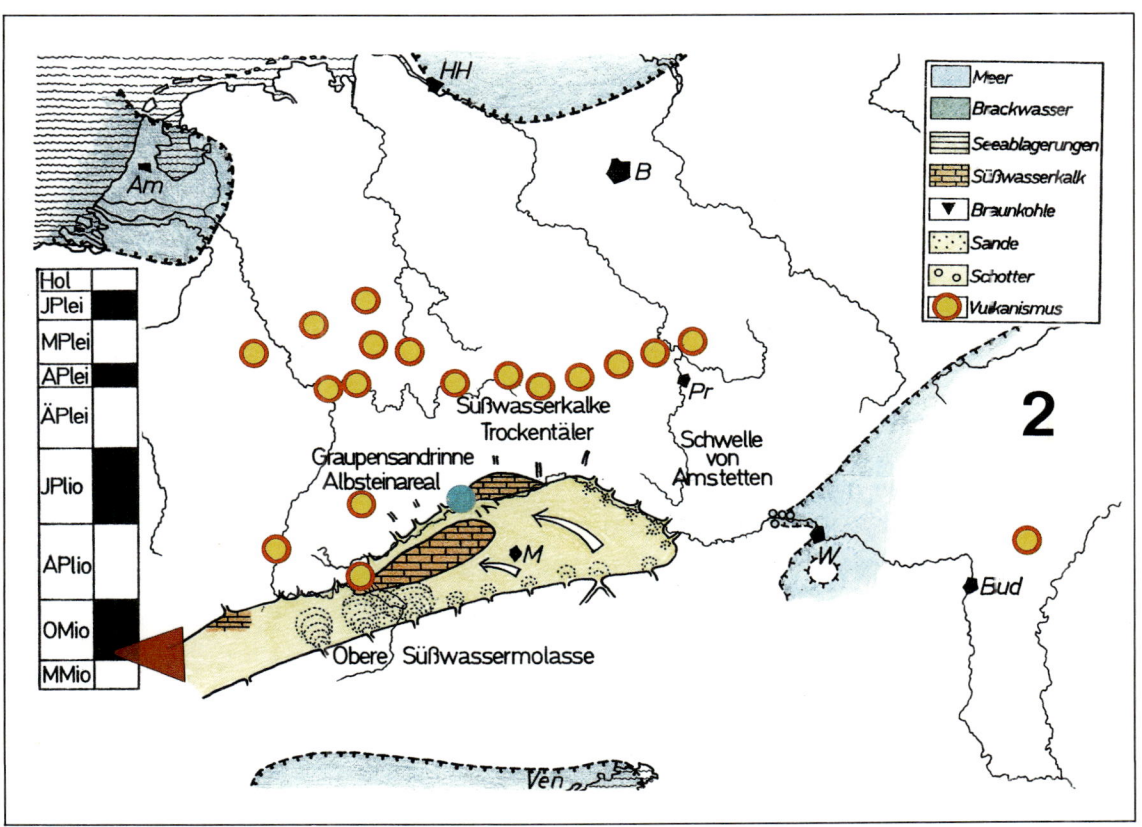

Helvetisches Meer und Brackwasserbildungen machen fluviatilen Sandschüttungen der oberen Süßwassermolasse Platz – Einzigartige Fossilfundstätte Langenau – Kurzfristiger Weiterbestand des Albsteinareals – Süßwasserkalke und Nagelfluh – Höhepunkt des mitteleuropäischen Vulkanismus

Zu Beginn des Obermiozäns wird Mitteleuropa von vulkanischer Unruhe erfaßt. Es erfolgen, über Fossilien zu datieren, die meisten Eruptionen der jüngeren Erdgeschichte. Die besten Unterlagen liefern, im Wechselverband von vulkanischem Auswurf mit Braunkohlentertiär, Rhön und Nordböhmen. Der Jurakalk reicht noch 30 Kilometer weiter in Richtung Stuttgart vor: Im Uracher Vulkangebiet werden aus der südorientierten, deutlich zertalten Landschaft die ersten Hohlformen (für die späteren Maare) ausgeworfen. Die Untermain-Vulkane zersprengen den dortigen Muschelkalk.

Die Fossilfundstätte Langenau

In den im Helvet angelegten Dimensionen und unter unverändertem trockenheißen Klima verfestigt sich die Albstein-Platte. Im nahen Hegau sind etliche Vulkane aktiv; sie werfen zum Teil weite und mächtige Tuffdecken ins Umland. Zwischen Riedlingen und Ries wird die gefüllte Graupensandrinne vom Vorstoß der Oberen Süßwassermolasse überwunden. In der Ostalb wird die Klifflinie erreicht, örtlich sogar überschritten. Das auf das Niveau des helvetischen Meeresspiegels eingetiefte Brenztal wird dabei mit Sanden plombiert.

Die Fossilfundstelle Langenau ist Glied der basalen Partien der Oberen Süßwassermolasse. Es ist eine der bedeutendsten Tertiär-Lokalitäten Europas. 1976 stößt ein Bagger bei der Anlage eines Geländeeinschnittes für die Autobahntrasse (Kempten–Würzburg) beim Ort Langenau (anderthalb Kilometer nördlich der Autobahn Stuttgart–München) auf Knochenanhäufungen. Die sofort von den Experten des Stuttgarter Museums für Naturkunde eingeleiteten Ausgrabungen – und die alsbald erfolgte wissenschaftliche Berichterstattung – lassen erkennen, daß Langenau das wohl reichhaltigste Inventar einer Fauna aus dem Orleanien – der Zeit des Überganges vom Helvet zum Torton – stellt.

Mit allen Anzeichen einer gewaltsam herbeigeführten Todesgemeinschaft stecken die Fossilien in einem Sediment, das zunächst in einem durchaus ruhigen limnisch-fluviatilen Milieu entstand. Es handelt sich um eine Wechselfolge von sandigen bis geröllführenden gelblichen Mergeln, in denen linsige Einschaltungen blaugrauer Tone vorkommen, zusammen mit Holzresten, Samen, Armleuchteralgen, Muscheln, Schnecken, Ostrakoden – und Wirbeltieren aller Klassen: Fische, Frösche, Krokodile, Schildkröten, Eidechsen, Vögel und, bei weitem überwiegend, Säugetieren.

Mittlerweile sind die Vertreter von 38 Einheiten der Säugetiere bestimmt und zum Teil beschrieben worden, darunter mehrere Leitfossilien und auch neue Arten. Eigenartig ist die Tatsache, daß hier eine Lebensgemeinschaft von großen und kleinen Säugern vereinigt ist: neben Mastodon und Dinotherium Igel, Maulwurf, Spitzmaus und andere Kleinsäuger; dann Hasen, Hyänen, Säbelzahntiger, Pferde, Nashörner, Hirsche; auch *Cainotherium*, dieser kleinwüchsige Paarhufer, der die feinsten stratigraphischen Einzelheiten anzuzeigen vermag.

Wegen seiner Größe ist das Dinotherium das auffälligste Fossil. Es ist fast unglaublich, in welcher Quantität und Qualität die Zeugnisse zusammengekommen sind: Neben über 70 Einzelfunden von Bezahnungs- und Skelettelementen der Schädel eines Jungtieres mit Milchbezahnung, der (bis auf den dritten oberen Prämolaren) absolut vollständige Schädel eines Alttieres, die zwei vollständigen Unterkiefer eines Bullen und einer Kuh – und drei größere Skeletteile. Der vollständigste umfaßt Teile des Schädels, den Unterkiefer mit den Stoßzähnen, 13 Wirbel, 7 Rippen, Beckenknochen, die nahezu kompletten Vorderbeine, das ganze linke und das halbe rechte Hinterbein. Das Langenauer Dinotherium hatte mit 2,65 Metern Schulterhöhe die Größe des heutigen Afrikanischen Elefanten.

Kein Skelettfund befand sich im natürlichen Verband. Alles war offensichtlich fluviatil beeinflußt, aber doch nicht über eine größere Fläche verteilt, wenn auch während der Einbettungsphase irgendwie gestaucht worden. Das ist für einen normalen fluviatilen Kadavertransport keineswegs üblich und erklärt weder die Häufung noch das Nebeneinander von groß und klein. Es muß ein kurzer, aber kräftiger Wasserschwall gewesen sein.

Literatur: DONGUS 1960, 1977; HEIZMANN, GINSBURG & BULOT 1980; HEIZMANN 1983, 1984; REIFF, SCHOLZ & GROSCHOPF 1980.

Süßwasserkalke markieren die Zeit

Die Mulde von Vermes – eine Senke an der Südflanke der Tiergarten-Antiklinale südlich des Delsberger Beckens – enthält eine bis zu 250 Meter mächtige Molasseserie. Über oligozäner Elsässer Molasse und einem Delsberger Süßwasserkalk folgen helvetische Nagelfluhen sowie rote Mergel, auf diese wiederum rund 60 Meter mächtige obermiozäne Süßwasserkalke und -mergel in Wechselfolge. Die reiche Kleinsäugerfauna darin und die sedimentologischen Analysen vermitteln das für die Zeit der Entstehung der Oberen Süßwassermolasse zutreffende Bild eines seichten, sumpfigen Sees, in den kaum gröberes Material gelangt und der auch häufig von länger andauernden Austrocknungen betroffen war.

Die bei Treuchtlingen vereinigten Tälersysteme (Abb. 4) sind nicht nur in der Erstreckung, sondern auch im Eintiefungsbetrag (ähnlich wie beim Brenztal registriert) spätestens zur Zeit der Entstehung des Kliffs der Oberen Meeresmolasse fertig – aber leer. Sie werden im folgenden Rieseseereignis verschüttet, um dann von Uraltmühl und Urmain wieder freigelegt zu werden.

Im Neuburger Vorsprung setzt sich die im Helvet eingeleitete Abscheidung von Süßwasserkalken fort; reichlich zwischen Eichstätt und Riedenburg dokumentiert.

Literatur: ENGESSER, MATTER & WEIDMANN 1981; GEYER & GWINNER 1979; WAGNER 1961.

Die Schlüsselrolle des Kelheimer Kreises

Die besten Beurteilungsmöglichkeiten zum geologischen Geschehen an der Wende Mittelmiozän/Obermiozän liefern die Gegenden östlich von Kelheim und südlich von Regensburg. Die helvetischen brackischen Oncophoraschichten werden von der Oberen Süßwassermolasse abgelöst.

Der Flinz – eine Serie heller, gelblicher Feinsande mit häufigen Einschaltungen von Feinkieslagen und auch Mergellinsen – ist Rahmen der ausgiebigst untersuchten (und beschriebenen) Fossilfundstelle Sandelzhausen (Abb. 2). Sie liegt 250 Meter über der Basis der Oberen Süßwassermolasse und ist dennoch als tiefes Obermiozän datiert.

Die Fundschichten, Mergel mit Kohlenlage, werden von Geröllmergel unter-, von Feinsandmergel überlagert. Es handelt sich um die Ablagerungen eines Altwassers in einer weitgespannten, an Seen und Tümpeln reichen Flachlandschaft, ausgewiesen durch Pflanzen-

21

reste, Muscheln und Schnecken, noch mehr durch eine Vielzahl von Wirbeltieren: Krokodile, Schildkröten, Eidechsen, Schlangen, Nashorn (das häufigste Fossil überhaupt), Mastodon, Pferd, Scharrtier, Giraffe, Hirsche, Zwerghirsch, Löwe, Zibethkatze, Bär, Hundeartige, Marder, Biber, Eichhörnchen, Pfeifhase, Fledermaus, Spitzmaus, Maulwurf, Schlafmaus und Igel.

Eine Senke zeichnet sich im Regensburger Gebiet nicht ab; die zertalte Landoberfläche geht von der südlichen Oberpfalz über Regensburg hinweg in den damals noch von Jura und Kreide bedeckten vorderen Bayerischen Wald hinein. Im Vergleich mit der Schwäbischen Alb fällt auf, daß der Malmkalk keine nennenswerten Karsterscheinungen verzeichnet. Es mag an der mächtigen Danubischen Kreide mit den vielen abdichtenden Ton-Schichten liegen.

Literatur: FAHLBUSCH, GALL & SCHMIDT-KITTLER 1974; WEBER 1978.

Sand- und Schotterfelder vor Bayerischem Wald und Alpen

Eine Stufe zwischen Donauniederung und Bayerischem Wald gibt es zu Beginn des Obermiozäns nicht; sie entsteht erst später, im Pliozän, mit der Wiederbelebung des Donaurandbruches. Andererseits münden hier mehrere große Täler in das Molassebecken. Aus dem Südteil der Böhmischen Masse bringen sie gewaltige Mengen von vollendet gerundeten und dabei einheitlich großen Kristallinschottern (Vollschotter) heraus nach Niederbayern und Oberösterreich. Der größte Teil bleibt sogleich liegen, der Rest wandert in vielen fächerartig verteilenden Gewässern – die keine auffälligen Stromstriche erkennen lassen – in Richtung Westen. Die Spitzen erreichen Augsburg.

Merkwürdig ist, daß im Bayerischen Wald nicht der geringste Schotter-Rest verbleibt und das Rieseereignis nichts konserviert. Unerklärlich ist, daß im Übergangsbereich vom Alten Gebirge zum Molasseland unter dem dortigen Braunkohlentertiär die zu erwartenden Schotterkegel in den Tiefbohrungen nicht markanter in Erscheinung treten.

Die Obere Süßwassermolasse vor den Alpen ist ein mächtiger Verband von Sanden vornehmlich alpiner Abkunft, zumeist der Flinz: ein heller Sand, anzutreffen unter den quartären Schottern Münchens und Augsburgs, in den Hügelländern Ober- und Niederbayerns, auf der Insel Herrenchiemsee, am Taubenberg und den Erhebungen um Peißenberg. Regelmäßig sind limnische und terrestrische, auch kohlige Bildungen eingeschaltet. Leithorizonte kann es unter solchen Entwicklungen nur in beschränkter Reichweite geben. Im Unterschied zur Situation vor dem Bayerischen Wald sind am Alpenrand oft gewaltige, weit ins Vorland hinausreichende Nagelfluhfächer entwickelt; gelegentlich meint man bereits ein heute bedeutendes Tal zu erkennen, etwa in der Salzach. Daß sich Schüttungen aus den Alpen bis auf die Höhe Regensburgs gegenüber denen aus dem Bayerischen Wald durchsetzen konnten und sich die Stromstriche kreuzten, zeigen die Molassesande von Viereichen (Abb. 2).

Literatur: FUCHS 1980; LEMCKE 1975, 1981, 1984.

22

3. Tiefes Obermiozän: Das Riesereignis

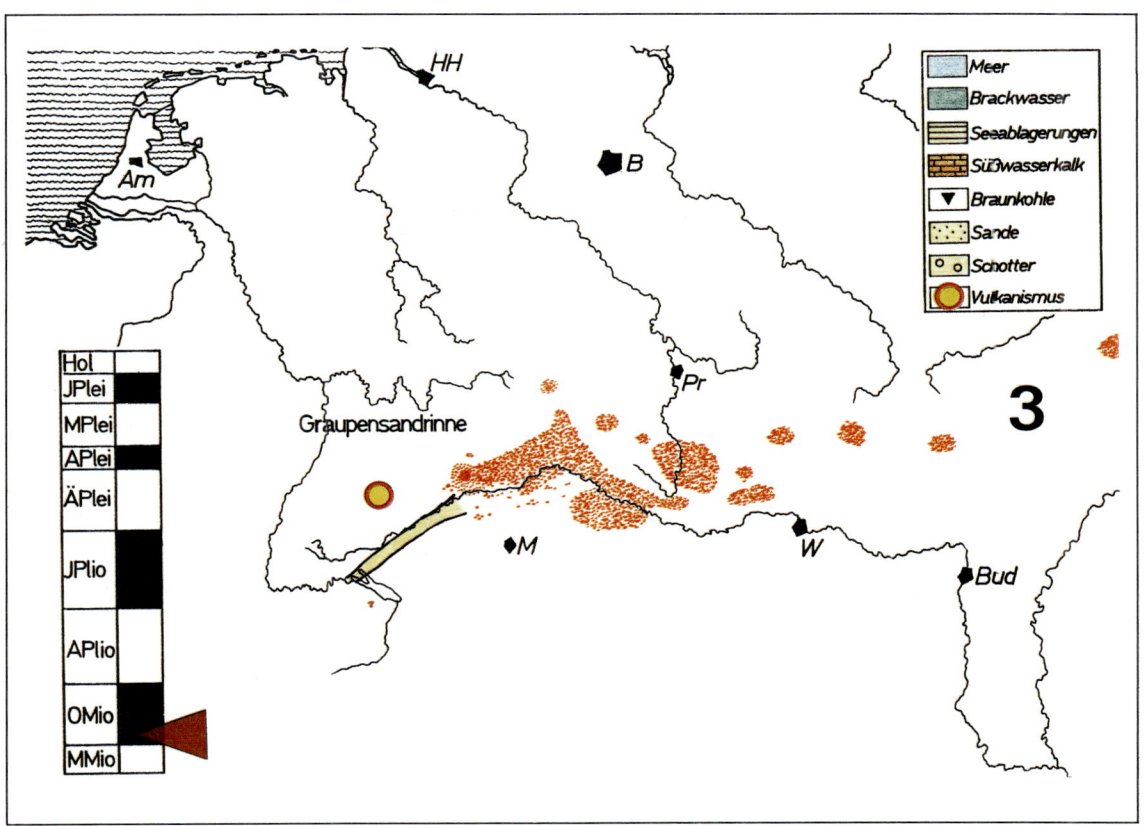

Der Einschlag (Impakt) eines riesigen Schwarmes meteoritischer Massen zerschlägt zwischen Schwaben und Ukraine die Landoberfläche – Krater und Kraterlandschaften – Nivellierungen – Einkieselungen – Gesteinsneubildungen – Anlieferung meteoritischen Eisens – Katastrophale Dauerregenfälle schichten die obersten Kirchberger Schichten um und schwemmen Impaktstaub zu den Bentonitlagerstätten zusammen – Ein impaktisches Tiefengebiet zwischen Ries und Bayerischem Wald wird zur Sammelrinne der fluviatilen Entwässerung – Schwäbischer Jura hebt sich heraus

Mitteleuropa gerät in einen Meteoritenschwarm

Aus dem Weltraum nähert sich mit hoher Geschwindigkeit ein riesiges Meteoritensystem; ein Teil davon erreicht die Erdatmosphäre und wird zwischen Schwaben und Ukraine eingefangen. Es ist eine bunte, vielleicht mit Gasen oder Eis gebundene Mischung meteoritischer Stein-, zum Teil auch Eisenmassen. Ein Großteil davon verdampft beim Eintritt in die Erdatmosphäre. Das Übrige erreicht – es sind Aberhunderte von Projektilen – die Erdoberfläche.

Bei der Kollision wird innerhalb weniger Sekunden die Temperatur unter Umständen auf mehrere 10 000 Grad Celsius getrieben. Örtlich werden Drucke bis zu 500 Kilobar (das sind 500 000 Atmosphären) erreicht. Hochdruckmodifikationen des Quarzes, und zwar die Minerale Coesit und Stishovit, bestimmte Gesteinsgläser, im Druck geplatzte Mineralkörner (Geschockte Minerale, Planare Elemente) lassen die lokale Kraft des Impaktes bestimmen. Für das Areal der Astrobleme östlich vom Ries lassen sich Werte zwischen 50 und 200 Kilobar ermitteln.

Die dem Meteoriten vorausgehende Druckfront zerschmettert zuerst das Gestein der Landoberfläche. Dann dringt das Projektil, unter gleichzeitiger Sublimierung, kraterverursachend relativ geringfügig in den Untergrund ein. Im Rückfederungseffekt werden geschmolzene und zerstäubte Gesteinsmaterialien (maximal 20 Kilometer) hochgeworfen. Diese ungeheuren Mengen von Auswurfmaterial fallen größtenteils in der Umgebung der Einschlagstelle nieder; Feinmaterial jedoch bleibt noch lange Zeit schwebend in der Atmosphäre und beeinflußt erheblich das Klima- und Wettergeschehen. Der Nachweis, daß die im Kelheimer und Riedenburger Bezirk – 85 Kilometer östlich des Rieskraters – auf Malm-Gesteinen der damaligen Landoberfläche verbreiteten Eisenerze meteoritischen Ursprungs sind, ist jüngst nicht nur über die Interpretation der außergewöhnlichen Erscheinungsformen, sondern auch durch geochemische Analysen geführt worden (APPEL 1985).

Impaktgesteine entstehen

Abhängig vom Ausgangsgestein, dem Ausmaß der chemischen und mechanischen Beeinflussung und Beanspruchung, der Höhe und Weite des Auswurfs erzeugt ein Impakt ganz besondere Gesteine. Am Rande und in der Umgebung des Nördlinger Rieses finden sich die Bunten Trümmermassen, die Bunte Brekzie und das Ries-Charaktergestein Suevit.

Im Areal der Astrobleme, der von den Meteoriteneinschlägen betroffenen Region östlich des Rieses, entsteht unter etwas geringeren Impaktenergien das Gestein Alemonit. Es besteht aus chemisch-mechanisch immer stark veränderten Komponenten des seinerzeit erdoberflächlich Anstehenden: Malmkalke, Kreidegesteine, Süßwasserkalke, im Bayerischen Wald Kristallin, in Niederbayern, Oberösterreich und Südböhmen sandig-kiesiges Miozän. Die meist eckigen, aber auch runden Partikel sind in der Regel in eine Grundmasse aus feinem und allerfeinstem Zerreibsel der gleichen Ausgangssubstanzen eingebettet. Nach Form und Größe der Komponenten können in der Altmühlalb über 40 Varietäten zwischen konglomeratisch und feinstbrekziös unterschieden werden. Ausnahmslos ist alle primär nichtkieselige Substanz verkieselt. Die größeren Komponenten, etwa eines ehemaligen Malmkalkes, beinhalten manchmal absolut formgetreu Strukturen und Texturen, ja sogar Fossilien.

Erfahrungsgemäß bereitet es niemandem Schwierigkeiten, einen Alemonit zu erkennen und als ein unter Mitwirkung allerhöchster Temperaturen entstandenes Impaktgestein zu bestimmen. Nahezu alle Alemonite enthalten mehr oder weniger viele Blasenhohlräume. Die auf frischer Bruchfläche am schönsten sichtbaren Öffnungen sind zumeist stecknadelkopfgroß, können aber auch Erbsenformat erreichen. Die Blasen sind bei Entgasungen innerhalb von Minuten im heißen Gesteinsbrei gebildet worden; wahrscheinlich sind sie Erinnerunger. und Ausdruck des entweichenden Kohlendioxyds bei der spontan erfolgten Verwandlung von Kalk in Kiesel.

Das Ausmaß der physischen Gewalten wird auch von den Brekzien in Brekzien aufgezeichnet. Der innerhalb Sekunden zur Brekzie erstarrte Mischverband wird unmittelbar darauf ein Steinchen in einer neuen Brekzie. Und: in gneisartig verschmolzenen Alemoniten sind winzige Glasfetzen nicht selten. Gelegentlich sind scharfkantig gebrochene Splitter dieses Glases wiederum Bestandteil anderer, größerer Gläser.

Wird ein Alemonit in Säure aufgelöst, dann verbleiben fast regelmäßig Flitterchen eines graphitartigen Kohlenstoffs: Es handelt sich dabei wohl um die Asche der blitzschnell verglühten Braunkohlenwälder.

In der Südlichen Frankenalb werden recht häufig Massenkalk, Kelheimer Kalk, selbst der Lithographische Schiefer, ferner Kreide- und Molassesandsteine vollkommen verkieselt angetroffen, ohne daß die für Alemonite typischen Merkmale vorliegen. Auf der Albhochfläche zwischen Riesrand und Treuchtlingen stellen die Döckinger Quarzite über kubikmetergroße Blöcke. Wir sprechen von den »Imprägnationen durch Kieselsäureregen« sowie von der »in situ-Verkieselung« – ohne die Art und Weise der Zufuhr deuten zu können. Ist die Kieselsubstanz geschmolzener Steinmeteorit? Oder ist sie in der Kontaktnahme des noch frischen Auswurfmaterials mit dem Gestein der Landoberfläche angesammelt worden?

Obgleich die Fossilien äußerlich nicht im geringsten verändert wurden, ist das Innere in eine in winzigen Büscheln auftretende Kieselsäure verwandelt.

In den Gebieten nördlich der Donau bis weit in die Oberpfalz hinein sind gewöhnlich Tone wie auch Lehme die Überbleibsel des Rieseresignisses. Eine Decke überkleidet in reliefausgleichender Wirkung die Malmkalk- und Kreidegründe. Die oberflächliche Verbreitung übertrifft dort die des Löß. Seit langem werden diese Bildungen als lehmige Albüberdeckung bezeichnet. Erst mit den Erkenntnissen im Zusammenhang mit den Impakten im Areal der Astrobleme ist es möglich, die rechte Deutung zu geben: Die lehmige Albüberdeckung ist intensiv verwitterter Impaktstaub, zeitlich äquivalent dem Bentonit, hier aber Surrogat aus vielleicht über hundert Meter mächtigem Staub-Stein-Auswurf. Der Zusammenhang mit dem Rieseresignis wird über die niemals fehlenden Alemonite hergestellt.

Die impaktierte Region wird neu geformt

Rückfallende Auswurfmassen, Ausgleichsbewegungen in den impaktierten Gesteinen sowie die nachfolgende sedimentäre Ausfüllung haben im Ries den primären Krater weitgehend verändert. Das Rieseresignis hinterläßt eine 300–400 Meter tiefe Schüssel, umrandet von einem Kraterwall. Sogleich dient sie als Sammelbecken. Es entsteht der Riessee, fünfmal größer als der Chiemsee; es wäre der drittgrößte See Mitteleuropas.

Das Steinheimer Becken ist mit dreieinhalb Kilometern Kraterdurchmesser das bessere Studienobjekt. Vorschriftsmäßig ragt aus der Mitte der Schüssel ein Zentralhügel auf. In Dimension, Rahmen und Andeutung einer zentralen Erhebung ist der Krater Mendorf durchaus vergleichbar, wenn auch nicht derart reich an Aufschlüssen.

Im Areal der Astrobleme gelten als einigermaßen gut überliefert die Einzelkrater Pfahldorf, Sornhüll, Wipfelsfurt und Sausthal. Im Steinbruch Saal ist ein Krater von der Abbauwand angeschnitten. Im Kraterpulk Hemau sind auf einer sieben auf zwölf Kilometer großen Fläche 120 Meter Malmkalk impaktisch entfernt worden.

Die allermeisten Krater sind inzwischen zu Kraterruinen, zu Rudimenten geworden. Dies ist angesichts dieser Zertrümmerungen und, mehr noch, dieser intensiven späteren Zertalung der Region gut zu verstehen. Sie sind eingegangen in das wohl imposanteste geomorphologische Impaktphänomen der Bezirke zwischen Ries und Regensburg sowie der Verebnungen im südlichen Bayerischen Wald (Vorwaldfläche), in die Nivellierungsfläche des Rieseereignisses. Wir verstehen darunter die nur im Areal der Astrobleme und in gewissen Teilen des Bayerischen Waldes verbreiteten großzügigen Ebenheiten mit Reliefunterschieden bis zu 30 Metern – und stellen uns vor, daß dort unzählige kleinere und kleinste Meteorite in extrem dichter Ballung einschlugen, dabei die vorhandenen Berge zerpulverten und in diesem Zusammenhang die Vertiefungen mit Impaktstaub und steinigem Auswurf füllten. Diese Nivellierungsfläche ist das Verbreitungsgebiet der Alemonite und der lehmigen Albüberdekkung, die Altmühlalb zwischen Solnhofen und Regensburg, die Landschaft ohne Einzelberge, die erst geologisch wesentlich später von der Altmühldonau zertalte Hochregion (Abb. 33 und 35).

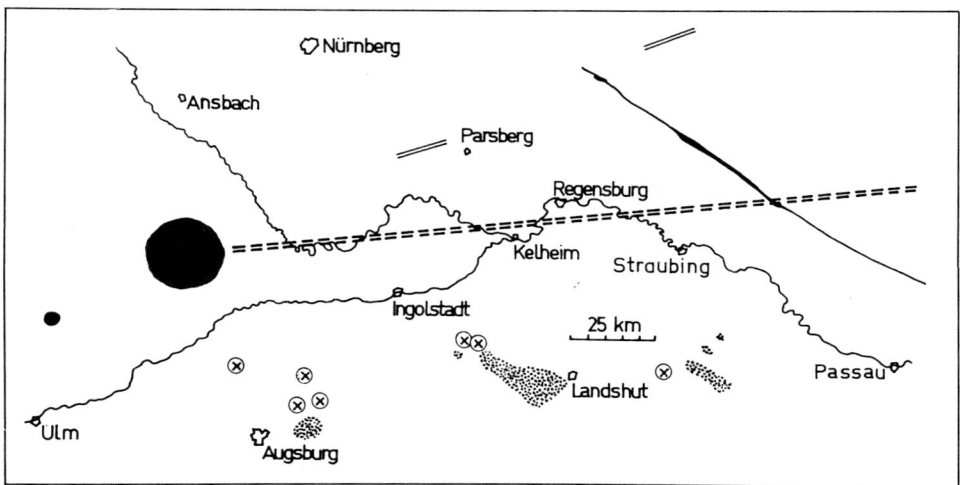

Abb. 3 Im Rieseereignis erzeugt die Massierung kleinerer Meteoriteneinschläge östlich der großen Impaktkrater Nördlinger Ries und Steinheimer Becken riesige flächenhafte Nivellierungen. Die Mittelachse der Flächenbildung (gebrochene Doppellinie) wird nach Abräumung der Auswurfmassen zur Sammelrinne der Gewässer und damit zur Ursache für den Altmühl- und Donaulauf. – (Gepunktet: Vorkommen von Bentonit; liegende Kreuze: aus der Alb nach Süden geschleuderte Malmkalkblöcke; Doppellinie: Stellen mit morphologisch deutlichem Rand impaktbetroffener Gebiete)

Dies- und jenseits der Regensburger Pforte ist die Nivellierungsfläche auf den Meter genau im gleichen Höhenniveau angelegt; hier in Jura- und Kreide-Gesteinen, dort im Granit. In die Mittelachse dieser Nivellierungsfläche – etwa dem 49. Breitengrad parallel – hat sich später die bis heute wirksame Gewässersammelschiene der Südlichen Frankenalb eingespielt (Abb. 3). Mit dem Riesereignis werden also die Weichen für die Wege der Flüsse gestellt.

Literatur: REIFF, SCHOLZ & GROSCHOPF 1980.

Die weiter reichenden Effekte

Dem Riesereignis verdanken wir eine bis in die Gegenwart reichende Veränderung der Lagerungsverhältnisse Süddeutschlands: Schwäbische Alb samt Schwarzwald beginnen großzügig zu steigen, während östlich vom Ries das Areal der Astrobleme, also Südliche Frankenalb und Bayerischer Wald, gleichsam stehenbleibt. Auffallend ist, daß dort die Nivellierungsfläche auf über 200 Kilometern die gleiche Höhe einhält – bis heute.

Es ist zu erwarten, daß nach einer derart gewaltigen Katastrophe auch außerhalb des bisher engräumig definierten Areals der Astrobleme Impaktphänomene vorkommen. Tatsächlich finden sich vielerorts Alemonite. Manchmal sind sie aus Komponenten zusammengesetzt, deren Muttergestein längst abgetragen ist. In der Heubergregion der Schwäbischen Westalb sind Schwammkalke in situ verkieselt worden; solche Kieselbrocken stellen nördlich der oberen Donau einen bezeichnenden Anteil in den Ablagerungen der Aaredonau. Wahrscheinlich ist der meiste verkieselte Buntsandstein aus Spessart und Odenwald, auch aus dem Schwarzwald (dort die Wanderblöcke stellend), im Riesereignis geprägt worden. Die Gerölle aus verkieseltem Muschelkalk dieser Regionen beweisen andererseits, daß im tiefen Obermiozän dort noch Muschelkalk verbreitet war. Schließlich können wir manche miozänen Tertiärquarzite Mitteldeutschlands, im Westerwald, auch diese und jene Quarzite in der Vorderpfalz, im Saargebiet und in Luxemburg als impaktogen deuten. Für die Geschichte von Rhein, Main und Donau spielen solche Gesteine als Leitgerölle und Zeitmarken eine wichtige Rolle.

In der Oberen Süßwassermolasse der Ostschweiz sind aus dem Malm der Schwäbischen Alb stammende Brocken mit eindeutigen Spuren impaktmechanischer Beanspruchung (Strahlenkalke) nachgewiesen. Einige Schichten der obersten Meter der berühmten Malm-Zeta-Plattenkalke vom Taubenloch oberhalb Nusplingen auf der Schwäbischen Alb zeigen dieselben Beanspruchungsmuster, wie sie in gleichen Gesteinen der Altmühlalb von den Impaktenergien aufgeprägt wurden: intensive vertikale Zerklüftung mit nachfolgender Verheilung der Risse, Rutschharnische auf Schichtflächen (horizontale Verschiebungen registrierend) und Plumosen. Bei Schwenningen auf dem Heuberg sind die Malmkalke intensiv zertrümmert worden; auch hier sind die Sprünge kalzitisch verheilt.

Es ist nicht unwahrscheinlich, daß bei diesen Erschütterungen einige weitere Uracher Vulkane gezündet worden sind. Vielleicht sind dabei diese und jene sonderbare Sinkscholle (am Aichelberg, am Jusi) wie auch sonstige eigenartige tektonische Situationen, z. B. um Böttingen-Bubsheim, entstanden.

Literatur: GEYER & GWINNER 1979.

Ein Tag vor 15 Millionen Jahren

Die Datierung des Riesereignisses kann mit den in der relativen Chronologie üblichen Argumentationen sehr präzise als tiefes Obermiozän vorgenommen werden:
- Süßwasserkalke mit der obermiozänen Alge *Limnocodium* sind alemonitisiert, also älter als das Riesereignis;
- die Krokodile von Viehhausen, die über Leitformen der Begleitfauna als tiefes Obermiozän datiert sind, haben als Magensteine Alemonite aufgenommen, sind also jünger als das Riesereignis.

Dank radiometrischer Datierungsmethoden über Gaseinschlüsse in Impaktgläsern wissen wir, daß das Riesereignis sich zwischen 14,6 und 14,8 Millionen Jahren vollzog.

Die Jahre nach dem Riesereignis

Alles Leben ist erloschen. Auf die oft mehrere hundert Meter hohe, noch heiße Masse aus steinigem Staub oder Glasasche stürzen die auf solche Ereignisse zwangsläufig folgenden Regenwasserfluten. Zunächst saugen sich die obersten Partien mit Wasser voll und beginnen sich nach und nach zu setzen. Es regnet weiter – das Wasser sammelt sich in Rinnen.

In der Oberpfalz formt sich allmählich, entlang den vorgegebenen Tiefenlinien der Nord-Süd-Täler, ein südgerichtetes, ausräumendes Abflußsystem heraus. Schließlich sind die Talzüge ausgewaschen. Auf der Nivellierungsfläche des Areals der Astrobleme bleibt das Ausgeworfene liegen. Nach und nach sackt es zusammen, und es laufen jene Verwitterungsprozesse ab, die schließlich aus dem Impaktstaub den Ton- und Lehmanteil der lehmigen Albüberdeckung zum Ergebnis haben; Vorgänge, die Tausende von Jahren nötig hatten. Schätzungsweise bilden 100 Meter Auswurf später zehn Meter lehmige Albüberdeckung.

»Die Ausräumung der Graupensandrinne und deren Füllung mit zum Teil fluviatilen Sedimenten nordöstlicher Herkunft (Graupensande) und mit grobem Geröll und staubfeinem Sand alpiner Herkunft enthält sedimentologische und paläogeographische Probleme, die noch nicht gelöst sind.« (SCHREINER 1976).

Von der offenbar nicht nennenswert auswurfüberstreuten Schwäbischen Alb, vom Hesselberg und Gelben Berg stürzen ungeheure Regenwasserfluten ungehemmt in Richtung Süden, hinein in das Tiefengebiet der ehemaligen Helvetischen Straße. Hier stoßen sie mit den vom Albsteinareal heranbrausenden Wassern zusammen, können aber weder nach Westen – wo sich die Schwarzwaldregion gehoben hatte – noch nach Osten – wo die Berge des Riesauswurfs eine unüberwindliche Sperre bilden – entwässern. Zwangsläufig toben sich die Energien im obersten Gestein, den Kirchberger Schichten, aus. Abgesehen von den von der Oberen Süßwassermolasse bedeckten Distrikten werden Kies, Sand und Ton immer wieder, Schwall auf Schwall, aufgerissen, gemischt, sortiert, Unteres nach oben gebracht; die helvetischen Meeresminerale, die Muscheln und Haifischzähne werden umgelagert und neu gebettet. Zugleich gelangen Alemonite bis in den Hegau (umgelagerte Kieselknollen und andere verkieselte Gesteine bei der Autobahnzufahrt Engen). Ein breiter Streifen des nördlichen Albsteinareals fällt der Erosion zum Opfer.

Die schönsten Beweise für das Wirken der Fluten erhalten wir über die neue Fossilfundstelle Langenau (siehe Seite 20), und zwar über die Art der Einlagerung der Skelettelemente der vielen großen und kleinen Tiere, vor allem der Dinotherien: »Im Bereich des Geländeeinschnittes, in dem die Fundstelle lag, wurden auch bis kubikmetergroße Jurakalkblöcke gefunden, die auf eine zeitweilig erhebliche Transportenergie des hier fließenden Gewässers schließen lassen« (HEIZMANN 1984). So erklären sich auch zwanglos die zwischen den Landsäugerknochen verteilten brackischen Muscheln und die Heringsfische: sie sind von den gleichen Wogen aus den Kirchberger Schichten aufgearbeitet.

Über die vom Albsteinareal kommenden Wassermassen und deren enorme Erosionskraft sei eine bei der Kartierung der Molasse bei Owingen (nahe Überlingen) registrierte eigene Beobachtung zitiert: »Dort lagert auf geflammten Letten der Sandschiefer ein kleines Vorkommen des Mischhorizontes der erweiterten Graupensandrinne. Das lokale Auftreten von Geröllen des Mischgeröllhorizontes etwa einen Kilometer innerhalb des Albsteinareals kann nur durch die Annahme einer von Norden nach Süden fjordartig vorstoßenden, sehr schmalen, einen Schottertransport gestattenden 15 Meter tiefen Schlucht erklärt werden.«

Literatur: GEYER & GWINNER 1979; HAHN & SCHREINER 1976; HEIZMANN 1984; SCHREINER 1976, 1980.

4. Obermiozän: Nach dem Riesereignis

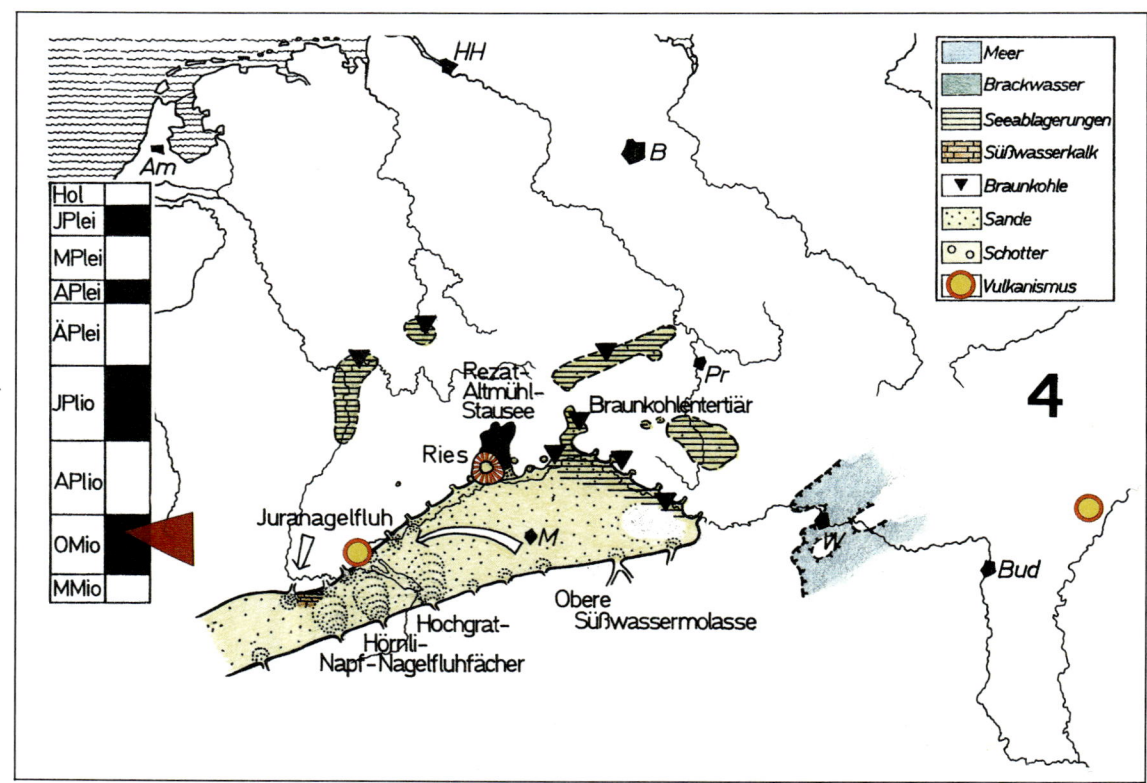

Wertvolle Kratersee-Sedimente – Ries-Auswurfmassen stauen den Rezat-Altmühl-Stausee auf – Allerorten Sumpfmoore, die späteren Braunkohlenlagerstätten – Glimmersande der Oberen Süßwassermolasse streichen nach Westen – Fossilfundstätte Viehhausen – Der Schwarzwald wird abgeschält – Wanderblöcke und Juranagelfluh

Die Zeit der runden Seen

Zunächst ist der Kraterkessel Ries in seinen Tiefen mit einem Brei aus Wasser und Auswurf gefüllt. Solange die Lösung des Gesteinsmehls im Wasser andauert, ist Leben im See nicht möglich. Auch wenn das Wasser immer klarer wird, so bestimmen doch weiter lebensfeindliche chemische Reaktionen – Salze erzeugen Brackwasser – die Eigenart unseres Gewässers. Im sauerstoffarmen Milieu kommt es immer wieder zum Massensterben von Algen und auch tierischem Leben. Mergelige Tone und Stinkmergel mit einem manchmal beachtlichen Gehalt an Kohlenwasserstoffen sind das Ergebnis. Diese sorgen übrigens heute für eine sehr niedrige geothermische Tiefenstufe: Die Erdtemperatur nimmt nach unten wesentlich rascher als in der Umgebung des Rieses zu.

Später bedeckt den Kesselinhalt eine lebhaft gegliederte Teichlandschaft. Jetzt können sich unter optimalen limnologischen Bedingungen alle möglichen Wasserbewohner entfalten. Inseln und Uferbezirke sind die Domäne einer üppigen Landtier-Lebewelt. Die Funde gelegentlich im Seesediment konservierter Säugetiere erlauben uns, diese Teichlandschaft im tiefen Obermiozän anzusiedeln. In Sumpfarealen beginnen sich aus der angereicherten Pflanzenmasse Braunkohlen zu entwickeln. In den Gegenden mit kalkigem Zustrom bauen sich Algen-, Schnecken- und andere Süßwasserkalke auf. Einzigartig sind die tuffigen Kalke, die fast ganz aus den winzigen Schälchen von Ostrakoden bestehen.

In der weiten Ebene wirken einige der Kalk-Stotzen wie Inselberge; sie ragten wohl auch zur Zeit des Kratersees zumindest zeitweise als tatsächliche Inseln über den Wasserspiegel. Der Travertin des Steinbergs liefert uns mehrere zehntausend Belege kleiner und kleinster Tiere, zumeist Säugetiere. Klein, weil es sich gewöhnlich um Reste von Raubvogel-Gewöllen handelt, die in den Kavernen der Stotzen zusammengespült worden waren. Es sind verhältnismäßig viele Fledermäuse darunter. Von Bedeutung ist ferner der kleine Paarhufer *Cainotherium huerzeleri* aus der Astaracium-Stufe (Abb. 1). Damit können wir den Abschluß der Füllung des Kratersees wie auch der Verkarstungsfähigkeit datieren.

Die größte biologische Riesspezialität sind der Reichtum und die Überlieferungsqualität der aus solchen Stotzenkalken (Adlerberg, Goldberg, Klein-Sorheim, Lierheim, Steinberg, Wallerstein) geborgenen Vogelreste, besonders der großen Pelikane und Reiher. Nicht nur Knochen – auch Federn, Eier, sogar ganze Nester fanden sich in der wohl bedeutendsten europäischen Fundstätte miozäner Vögel. Brachschwalben und Bartvogel liefern uns wichtige Hinweise auf die klimatischen Verhältnisse. Die Temperaturen dürften mindestens denen im heutigen Mittelmeergebiet entsprechen. Die Winter waren so mild, daß Früchte und Beeren das ganze Jahr über verfügbar waren. Schließlich füllt sich der Krater bis zum Oberrand – heute in 500 m NN. Im Pleistozän wird das Ries Auffangfläche für den Löß und zur fruchtbaren Ebene.

Anders das Steinheimer Becken. Die impaktogene zentrale Erhebung, der heutige Klosterberg, konzentriert in Seemitte Sediment wie Leben. Es kommt zu Kalkablagerungen und Fossilkonzentrationen besonderer Art. Fest steht, daß der Füllprozeß gleichzeitig mit dem des Rieses erfolgte. Als Steinheimer Spezialität gelten die Massenvorkommen von Wasserschnecken der Gattung *Gyraulos* wie auch die Unmengen von eingespülten Landschnecken. Die Pflanzenwelt stellt Algen – es gibt zehn Meter hohe Kalkalgenriffe –, Pollen, auch Laubhölzer, eigenartigerweise aber keine Andeutungen von Braunkohlen. Zahlreich sind die Wirbeltierfunde: Einzelne Vertreter finden sich in größerer Zahl und oft besser erhalten als im Ries; Fische, Amphibien, Reptilien, Vögel (Gans, Ente, Pelikan, Storch, Ibis, Reiher,

Flamingo), dazu Säugetiere aus allen damaligen Familien, auch das große *Mastodon angustidens* – alles Zeugen einer lebensvollen Oase in einer Savannenlandschaft.

Das 900-Meter-Oval des Kraters Sausthal in der östlichen Altmühlalb füllt sich zunächst randscharf mit Auswurfmaterial, dann mit einem immerhin einen Meter mächtigen Braunkohlenflöz und zuletzt mit Süßwassermergeln, die Fischreste, Armleuchteralgen und Ostrakoden enthalten. Heute liegt die Oberfläche der Seefüllung topfeben acht Meter unter dem Kraterwall. Diese Meter sind wahrscheinlich der Setzungsbetrag der Schlamme, die ehedem bis zur Wallkrone gereicht haben dürften. Es gehört zu den geologischen Paradestücken, daß der Sausthaler Kratersee, heute auf der höchstmöglichen Stelle in der Region gelegen, nicht vom Erosionsangriff der Laaber oder Altmühl erfaßt ist.

Literatur: Geyer & Gwinner 1979; Heizmann & Fahlbusch 1983; Lorenz 1982; Reiff, Scholz & Groschopf 1980; Wagner 1961.

Der Rezat-Altmühl-Stausee – zweimal so groß wie der Bodensee

Sich von Umfang und Mächtigkeit der Auswurfmassen im Umkreis des Nördlinger Rieses ein Bild zu machen, erfordert ein besonderes Vorstellungsvermögen. Ein breiter Ring aus haufenartig geworfenem grobem wie feinem Gestein war entstanden, verschiedentlich 200 bis 300 Meter hoch, und hatte ein durchaus differenziertes, großes Tälersystem im Raum Treuchtlingen (Abb. 4) zugeschüttet.

Die seit der Kreidezeit mehr oder weniger deutlich im Generalgefälle Süd orientierten Entwässerungssysteme Hessens, Frankens und Thüringens werden von diesen Auswurfmassen neben dem Hahnenkamm im Gebiet Treuchtlingen-Weißenburg rückgestaut. Der Stauseeboden liegt dort mindestens 150 Meter über den gegenwärtigen Talsohlen. Nachdem sich das stehende Wasser verzogen hat und wieder fluviatile Förderungen aus Franken kommen, werden die Monheimer Höhensande abgelagert.

Die Stauwurzel reicht bis vor die Tore Nürnbergs und Ansbachs, heute durch einige Süßwassersedimente dokumentiert. Bei Pleinfeld werden Tone und Süßwasserkalke 50 Meter mächtig. Allerdings können wir nicht sagen, ob sie den noch vollen Stausee oder bereits Restseen nachzeichnen, nachdem angenommen werden muß, daß die doch recht losen Auswurfmassen ein alsbaldiges Aussickern ermöglichten. Es gibt keine Anzeichen für ein spontanes, schwallartiges Ausbrechen. Die letzten Hinweise bekommen wir aus den altpliozänen Seeablagerungen von Georgensgmünd. Dort ist das Pferdchen *Hipparion gracile* nachgewiesen.

Literatur: Berger 1973.

Verfüllte Täler, Braunkohlen und Krokodile

Die freigewaschenen Talsohlen in den Landstrichen zwischen dem Rezat-Altmühl-Stausee und dem Oberpfälzer Wald geraten im Anschluß an das Rieseereignis unter den Grundwasserspiegel und werden so der ideale Standort für üppige Vegetation. Paradebeispiel ist Viehhausen. Hier beginnt sich am Boden eines 80 Meter tiefen schluchtartigen Tales (wir vergleichen es immer mit der Weltenburger Enge) über stauenden Tonen eine Ansammlung von Holz, Reisig, Blättern, Pollen und Sporen zu bilden – das spätere Braunkohlenflöz (Abb. 2).

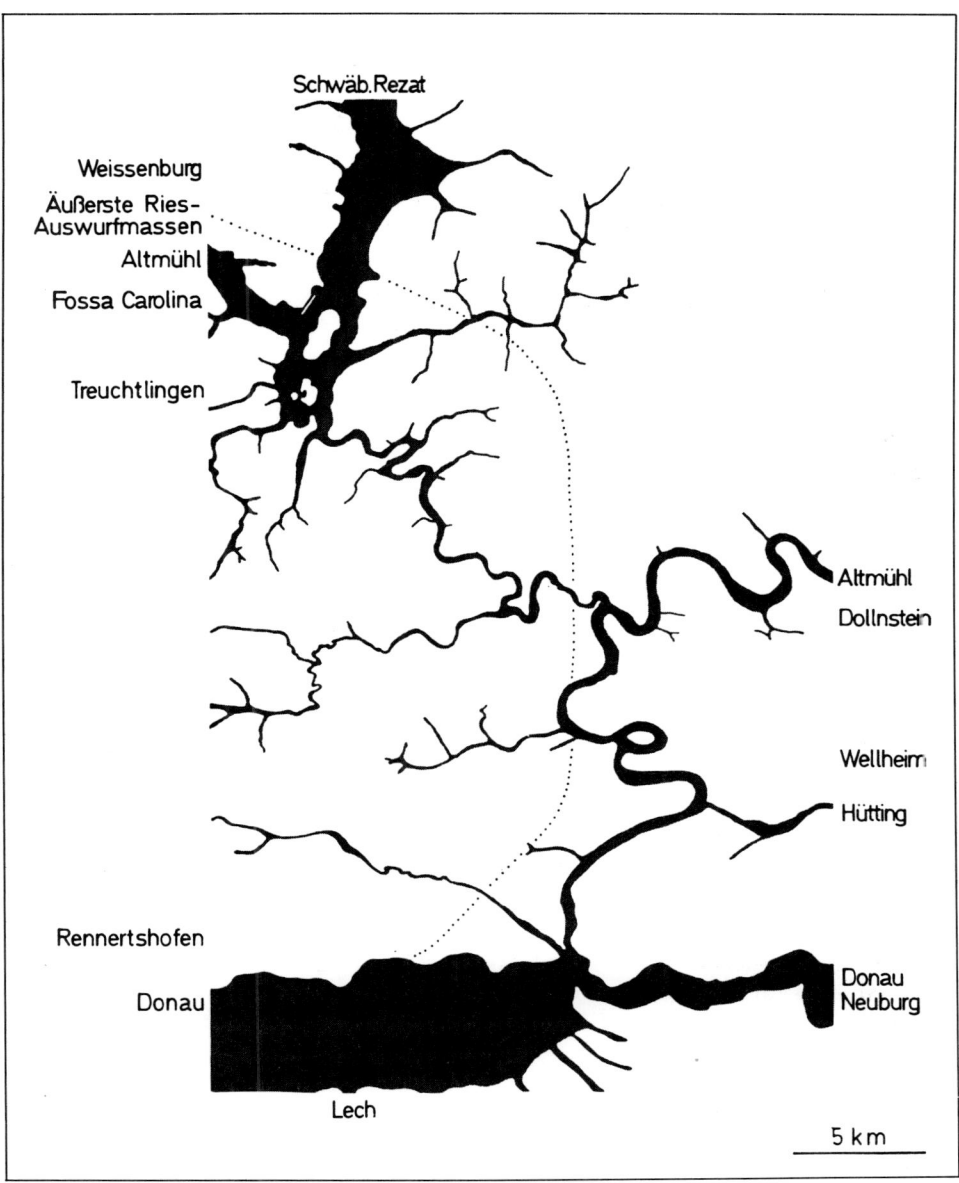

Abb. 4 Die Talräume im Osten des Nördlinger Rieses, zwischen Weißenburg und der Lech-Mündung, in Abhängigkeit von der Grenze der Ries-Auswurfmassen und der im Pleistozän starken Zuströme aus den Alpen ins Tal der Altmühldonau. Die Altmühl-Strecke zwischen Treuchtlingen und Dollnstein ist Abbild der gering gewordenen Wasserführung der Altmühl. Im Riß wird die Altmühldonau zuerst bei Hütting, dann bei Rennertshofen angezapft: Es entsteht das Wellheimer Trockental. Die Talbreiten im Gebiet Treuchtlingen-Weißenburg erklären sich einerseits aus der Freilegung alter, präriesischer Anlagen, andererseits aus der dortigen überwiegend weichen Gesteinsbeschaffenheit.

33

Der Name Viehhausen ist in der Wirbeltierpaläontologie ein Begriff. Er wird in einem Atemzuge mit dem berühmten mitteldeutschen (eozänen) Geiseltal genannt, wenn es darum geht, ein Beispiel für die Erhaltung von Knochen und Zähnen, Haut und Haaren, Fledermausflügeln und Froschhaut in Braunkohlen zu nennen. In der Regel zerstören nämlich die Humussäuren des sumpfig-moorigen Milieus sofort und restlos die Knochen jedes Kadavers. In Viehhausen wurden jedoch die Säuren von kalkhaltigem Grundwasser neutralisiert, das aus dem Untergrund aus Malmkalken zusickerte.

Die Flora stellt viele Zeugen eines subtropischen Klimas. Dies wird von der Fauna, insbesondere den landbewohnenden Tieren, unterstrichen. Die Liste umfaßt limnische und terrestrische Schnecken, Ostrakoden, Regenwurm, Käfer, Fische, Riesenfrosch, Schlangen, Wasserschildkröten, Krokodile (die häufigsten Wirbeltiere), Maulwurf, Igel, Spitzmaus, Fledermaus, Biber, Hamster, Eichhörnchen, Schwein, Zwerghirsch, Hirsche, Pferd, Nashörner, Scharrtier, Mastodonten und Raubtiere. Fauna wie Flora verweisen uns auf das tiefe Obermiozän.

Nach Ablagerung der Braunkohlen-Pflanzenmassen im Obermiozän werden die Täler im Regensburger Raum von Süden her aufgefüllt. Das Material stammt hauptsächlich aus dem Alten Gebirge, doch gelegentlich findet sich auch ein alpines Geröll. Der Talzug Undorf-Viehhausen-Kapfelberg zeigt zuunterst Letten, dann Sande, schließlich zuoberst mächtige Kiese, also eine stetige Steigerung der Transportenergie. Die höchsten Zehnermeter ergießen sich über die impaktische Nivellierungsfläche und erzeugen eine Aufschüttungsebene.

Die Viehhausener Überlieferungsbedingungen wiederholen sich zweimal: im nahen Undorf und in Dechbetten/Regensburg. Die übrigen ostbayerischen Braunkohlentertiär-Vorkommen enthalten höchstens Florenrelikte, da ihre Entstehungsbedingungen ohne Zufuhr neutralisierender Lösungen eine Konservierung der Tierreste nicht gestatteten.

Zwischen Regensburg und Vilshofen ist das Braunkohlentertiär in einer acht bis zehn Kilometer breiten Zone teils unter der Donauniederung, teils in Buchten im Alten Gebirge jenseits des Donaurandbruches anzutreffen. Es handelt sich um Stillwassersedimente mit oft beachtlichem Flözanteil – uns einigermaßen durch früheren Bergbau und Bohrungen bekannt. Mit dem Aufleben des Donaurandbruches gegen Ende des Altpliozäns werden diese Sedimente halbiert und, besonders im Straubinger Gebiet, versenkt.

Im Kristallin des Passauer Waldes findet sich das Braunkohlentertiär relikthaft als Inhalt breiter Senken: Rathmannsdorf, nördlich Vilshofen (unter zwölf Metern Tonen zwei Meter Braunkohle) – Jägerreuth, nordwestlich Passau (mit einem über zwei Meter mächtigen Flöz) – Rittsteig, südlich und 120 Meter höher als Passau (zwölf Meter Tone mit mehreren Flözen).

Auf dem Haager Rücken im nordöstlichen Hausruck werden Partien des impaktischen Quarzitkonglomerats aufgearbeitet und bis in die Taufkirchener Bucht verlagert, wo sie sich mit den Pitzenbergschottern vermischen. Nördlich Salzburg wird die Kieselplatte von limnischen Tonen mit Braunkohlen überlagert (Wildshuter Revier – Radegund – Höring – Munderfinger Kohlenflöz). Zwischen Enns und Krems fehlt es dann an obermiozäner Sedimentation. Die Schwelle von Amstetten stellt weiterhin eine Barriere zwischen dem Molasse- und dem Wiener Becken dar. Noch sprechen sämtliche geologischen Anzeichen für die Entwässerung nach Westen. Erst gegen Ende des Obermiozäns (die Dokumente gestatten keine Auflösung) mag sich im Hausruck eine Pforte nach Osten geöffnet haben.

Literatur: Fuchs 1980; Tillmann 1964; Weber 1978.

Alle Wasser Bayerns fließen nach Westen

Die Obere Süßwassermolasse ist schon wegen ihrer riesigen Oberflächenverbreitung und ihrer vielen guten, natürlichen Aufschlüsse, ferner auch als Baugrund im bayerisch-schwäbischen Hügelland (mit seinen großen Städten) sowie im Bodenseegebiet geologisch außerordentlich gut bekannt. Aber – und eben das ist eine Folge der überwiegend jäh erfolgten Sand- und Kiesschüttungen, die die üblicherweise fossilträchtigen Stillwasserablagerungen aufgearbeitet hatten – sie ist stratigraphisch schwer zu fixieren.

Alle sedimentologischen Elemente zeigen an, daß das Gefälle und damit die Stromsysteme von Oberösterreich aus nach Westen in Richtung Rhone und Mittelmeer – über das Schweizer Mittelland – gehen, also entgegen der Donau und allen ihren Vorgängerinnen.

Literatur: ERB, HAUS & RUTTE 1961, LEMCKE 1975, 1981, 1984.

Der Schwarzwald wird abgeschält – Juranagelfluh und Wanderblöcke

Aus den Alpen drängen in individuell unterschiedlicher Intensität die gewaltigen Nagelfluhfächer von Napf, Hörnli, Pfänder und Hochgrat ins Vorland (Karte 4). Sie schieben an der Wurzel mächtige, dann flachere Geröllschirme quer in die Strömungs- und Förderrichtung der Glimmersande. Das Albsteinareal wirkt als Barriere. Den besten Einblick in Mächtigkeit, Schichtenfolge und Aufbau der Oberen Süßwassermolasse gewährt das westliche Bodenseegebiet mit Thurgauer Seerücken, Schienerberg, Bodanrück, Stockach und Überlingen mit seinen vielen Typlokalitäten, Standardprofilen und Fossilfundstellen. Demgemäß ist es die mit Abstand besterforschte und auch am umfangreichsten dargestellte Molasseregion überhaupt.

Im Hegau und dessen Umgebung wird die Ablagerung immer wieder vom Vulkanismus beeinflußt: Schlotdurchbrüche, Maare, Deckentuffe und Tuffite – nirgendwo sonst ist die Einbindung in Sedimente so übersichtlich. Daß der Schwarzwald wie auch die Schwäbische Alb im Rieseereignis gehoben waren, ist an der unmittelbar darauf einsetzenden, mehr oder weniger intensiven Abtragung in Richtung zum südlich gelegenen Molassebecken zu erkennen. Demgegenüber verhalten sich die Vogesen durchaus unauffällig. Es sedimentieren nun die Wanderblockformation des Basler Jura und, zwischen Basel und Schwäbischer Alb, die Juranagelfluh.

Zumindest für die Nordschweiz ist nicht auszuschließen, daß der Transport beider in vielfacher Hinsicht doch recht eigenartigen Gerölleinheiten vom katastrophalen Regen nach dem Rieseereignis initiiert wurde. Die Komponenten sind gewöhnlich groß, wenn nicht gar riesig, und sie liegen in auffälliger Menge weit vom Herkunftsort entfernt. Zudem sind die bis kubikmetergroßen Wanderblöcke in der Regel Verkieseltes; und das beobachtet man auch immer wieder in der Juranagelfluh.

Wanderblöcke finden wir heute über die Berge und Täler der Juraketten südlich von Basel in Höhen zwischen 400 und 1300 m NN verteilt (Abb. 9). Das nördlichste Vorkommen liegt im Gebiet der Landskronkette bei Maria Stein und Hofstetten, die Westgrenze dieser Blöcke-Wanderung bildet die Linie Leimen–Röschenz–Mervelier; das südlichste Vorkommen beobachten wir auf dem Matzendorfer Stierenberg, das östlichste vor Bretzwil. Südlich der Wiese, östlich Sissach, ist ein einziges Vorkommen im Tafeljura nachgewiesen worden.

Massierungen beobachten wir im östlichen Laufenbecken, die schönsten Einblicke auf Kastelhöhe. Sie liegen teils auf Tertiär, teils auf Jura. Stets sind sie sekundär umgelagert, eventuelle Bindemittel – selbstredend Fossilien – sind dabei verlorengegangen.

Die größten Blöcke erreichen einen Meter Durchmesser; die Masse ist immerhin kopf- bis doppelkopfgroß. Bei 80 Prozent der Komponenten handelt es sich um sekundär verkieselten Buntsandstein. Er ist auffällig gut abgerollt, und gewöhnlich umgeben ihn Eisenrinden. Die anderen Gerölle bestehen im wesentlichen aus – stets verkieselten – Materialien, die nur aus Norden, dem Südende des Rheintalgrabens, aus den Dinkelbergen und aus dem Schwarzwald, der seinerzeit noch mit Trias bedeckt war, gekommen sein können: Muschelkalk, Lias, oligozäne Süßwasserkalke, auch Doggeroolith. Der Transport vom Anstehenden zum gegenwärtigen Lager muß über eine Distanz von mindestens 20 Kilometern unter Entfaltung allergrößter fluviatiler Kräfte stattgefunden haben.

Auch die Juranagelfluh zeigt die Abschälung der damals noch vorhandenen Sedimentdecke auf dem Kristallin des Schwarzwaldes an. Das geologisch jüngste Decksediment, der Malmkalk, liegt vorwiegend unten, das geologisch Älteste, der Buntsandstein, wird gegen oben immer häufiger. Mit der Reliefverflachung am Eintritt in das Molassebecken werden die Gerölle abgeladen; oft in Form breiter Fächer, aber auch als Rinnenfüllungen (Abb. 9). In der Schweiz können wir die Juranagelfluh als eine paläogeographisch bedingte Vertretung der Wanderblöcke betrachten. Im Laufenbecken verzahnen sich die beiden Schüttungen. Sie sind also gleichzeitig gebildet worden. Südlich Basel besteht die Juranagelfluh aus 50 Prozent Dogger, je rund 20 Prozent Muschelkalk bzw. Malmkalk, der Rest ist Buntsandstein, Süßwasserkalk und Kristallin. Die Komponenten – viele davon sind verkieselt – können einen Durchmesser von 50 Zentimetern erreichen. Die Rundung ist bei Buntsandstein vollkommen, sonst ungleichmäßig, oft nur angedeutet. Die Verfestigung wechselt von Ort zu Ort; teils sind die Komponenten zu Nagelfluh verbacken, teils sind sie locker einem alles in allem recht geringen Bindemittel eingestreut. Die sedimentologischen Eigenheiten und die Unterschiede zu den Wanderblöcken erklären sich in erster Linie aus der Tatsache, daß die Juranagelfluhvorkommen von der Jurafaltung weniger ergriffen worden sind. Zwischen den Stromsystemen gab es auch ruhige Bezirke. Im Gebiet von Anwil kommen 110 Meter mächtige Süßwassermergel und -kalke zur Ablagerung. Dort sind 73 Säugerarten nachgewiesen worden – die reichste Fundstelle des Schweizer Miozäns.

Im Hegau stürzen aus cañonartigen Rinnen Geröll- und Schlammströme heraus in die Senke der Oberen Süßwassermolasse und verdrängen in oft gewaltigen Kegeln die Glimmersande. Die Juranagelfluh besteht hier weniger aus Geröllen als hauptsächlich aus kalkigem, sandigem, gelbbraunem Mergel, hervorgegangen aus den aufgearbeiteten weicheren Schichtserien des Deckgebirges auf der Ostabdachung des Schwarzwaldes. Auch auf der Schwäbischen Alb ist die Juranagelfluh ein Verband schlecht sortierter, meist grober Malmkalkgerölle in einer oft dominanten Matrix kalkreicher gelbbrauner Mergel. In der Westalb sind die Verbände gelegentlich in zusammenhängenden Decken erhalten; ansonsten handelt es sich, wie vielerorts auf der Ostalb, um einen dünnen Lesesteinschleier. Am Saume zur Molassesenke stellen sich, ähnlich den Verhältnissen im Hegau, gefüllte Rinnen mit Schwemmfächern ein – aber keineswegs in der Mächtigkeit wie dort.

Literatur: Engesser 1972; Erb, Haus & Rutte 1961; Geyer & Gwinner 1979; Hantke 1978; Liniger 1963, 1966; Schreiner 1976; Wagner 1961.

5. Altpliozän

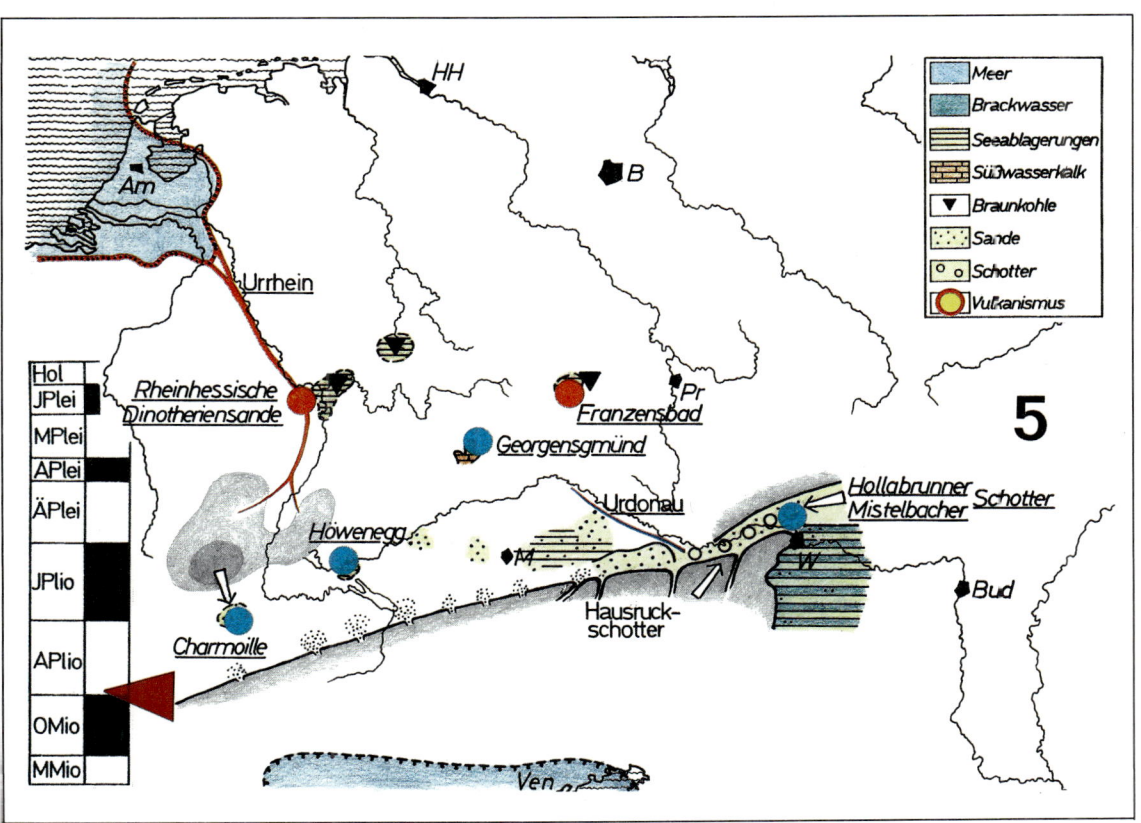

Hipparion und Dinotherium schreiben Geschichte – Überall solide lithologische Dokumentation – Urrhein nachgewiesen – Vogesen entwässern nach Süden – Urdonau sehr fraglich –
Eigenartige geologische Situation um Wien

Der erste Rhein

Der erste Rhein ist in erstklassigen geologischen wie paläontologischen Dokumenten bestätigt. Er entspringt nördlich des Kaiserstuhls, die Quellen liegen im Nordschwarzwald und in den nördlichen Vogesen. Entsprechend bestehen die Gerölle – sie sind in Rheinhessen weit verbreitet – aus Quarz, Quarzit, Kieselschiefer, Hornstein und Buntsandstein. Das dortige Hauptsediment setzt sich allerdings aus stets hellen, gut sortierten und oft schräggeschichteten Mittelsanden zusammen (Abb. 7).

Der rheinhessische Urrhein ist ein ausschweifend mäandrierendes Flußsystem, im Süden acht, im Norden vier Kilometer breit. Entlang der Ufer stehen Galerie- und Buschwald, im Hinterland erstreckt sich eine weite Savanne. Im Altwasser abgeschnittener Arme reichert sich Schlamm an und konserviert Blätter, Samen und Früchte.

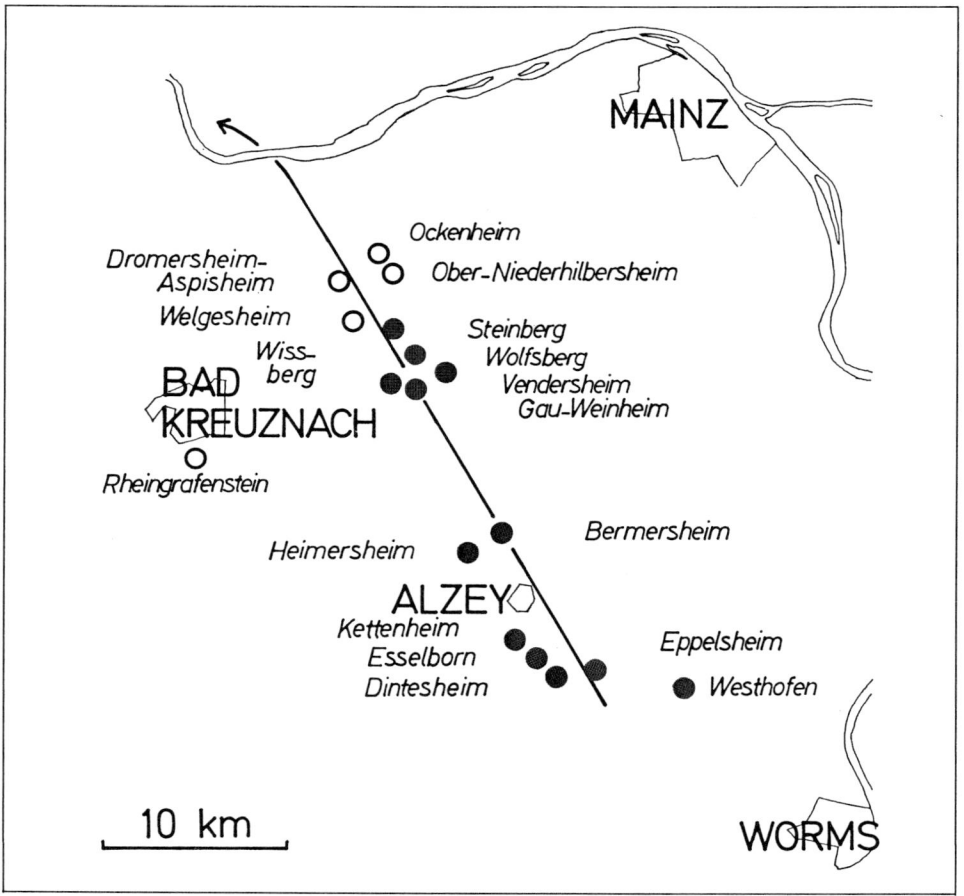

Abb. 5 Die Fundpunkte von Säugetieren in den Rheinhessischen Dinotheriensanden (schwarze Punkte) bzw. von äquivalenten (fossilfreien) Ablagerungen (offene Kreise). In diesen Sedimenten des altpliozänen Urrheins wird schon seit 150 Jahren gesammelt. – Nach Tobien 1983.

Zwischen Worms und Bingen (Abb. 5) finden sich über 26 Kilometer Laufstrecke 16 Fossillokalitäten, darunter zwölf mit Säugetieren – eine in der Erdgeschichte unter den fluviatilen Fossillagerstätten einmalige Situation und deshalb schon lange klassisch. Auch heute sind noch üppige Funde möglich. Die Fossilien (Tab. 6) konzentrieren sich gewöhnlich an der Basis der Urrheinablagerungen innerhalb grober Kiese oder kiesführender grober Sande. Die Skelettreste, mit Ausnahme von Wissberg allochthon, sind von Südost nach Nordwest gerichteten Strömungen eines starken Flusses eingeregelt. Es gibt unterschiedliche Entfernungen zwischen dem Todesort der Tiere und der Einbettungsstelle. Je nach Größe und Gewicht hat die Strömung das leichtere skeletale Kleinmaterial vertrieben und dabei die großen und schweren Knochen angereichert.

Tab. 6 Faunenliste der altpliozänen	Rheinhessischen Dinotheriensande (nach TOBIEN 1983)	Vogesensande von Charmoille (Nach SCHAEFER 1966)
Herrentiere *Primates*		
cf. *Mesopithecus pentelici* WAGNER, 1839	×	
Paidopithex rhenanus POHLIG, 1895	×	
Rhenopithecus eppelsheimensis (HAUPT, 1935)	×	
Raubtiere *Carnivora*		
Dinocyon thenardi JOURDAN, 1861	×	
Agnotherium antiquum (KAUP, 1833)	×	×
Amphicyon major eppelsheimensis WEITZEL, 1930	×	
Amphicyonidarum genus indet.	×	
Ursavus desereti SCHLOSSER, 1902	×	
Indarctos arctoides DEPERET, 1895	×	
Pseudarctos aff. *bavaricus* SCHLOSSER, 1899	×	
Simocyon diaphorus (KAUP, 1832)	×	
Limnonyx pontica (NORDMANN, 1858)	×	
»*Lutra*« *hessica* LYDEKKER, 1890	×	
Mellivorinarum gen. et sp. indet	×	
Ictitherium robustum (GERVAIS, 1850)	×	
Machairodus aphanistus (KAUP, 1832)	×	×
Paramachairodus ogygia (KAUP, 1832)	×	
Nagetiere *Rodentia*		
Palaeomys castoroides KAUP, 1832	×	
Chelodus typus KAUP, 1839	×	
Monosaulax minutus (H. V. MAYER)		×
Rüsseltiere *Proboscidea*		
Dinotherium giganteum KAUP, 1829	×	×
Dinotherium levius JOURDAN, 1861	×	
Dinotherium bavaricum MEYER, 1831	×	
Gomphotherium angustidens (CUVIER, 1806)	×	
Tetralophodon longirostris (KAUP, 1832)	×	×
Stegotetrabelodon gigantorostris (KLÄHN, 1922)	×	
Zygolophodon turicensis (SCHINZ, 1833)	×	

Faunenliste der altpliozänen	Rheinhessischen Dinotheriensande (nach TOBIEN 1983)	Vogesensande von Charmoille (nach SCHAEFER 1966)
Unpaarhufer *Perissodactyla*		
Tapirus priscus KAUP, 1833	×	×
Tapirus antiquus KAUP, 1833	×	
Aceratherium incisivum KAUP, 1832	×	×
Aceratherium bavaricum STROMER		×
Brachypotherium goldfussi (KAUP, 1834)	×	
Dicerorhinus schleiermacheri (KAUP, 1832)	×	×
Chalicotherium goldfussi KAUP, 1833	×	×
Anchitherium aurelianense CUVIER, 1822	×	
Hipparion primigenium (MEYER, 1829)	×	
Hipparion gracile (KAUP)		×
Paarhufer *Artiodactyla*		
Korynochoerus palaeochoerus (KAUP, 1833)	×	×
Hyotherium soemmeringi MEYER, 1834	×	×
Listriodon splendens MEYER, 1846	×	
Conohyus simorrensis (LARTET, 1851)	×	×
Microstonyx antiquus (KAUP, 1833)	×	
Dorcatherium naui KAUP, 1834	×	×
Palaeomeryx sp.	×	
Euprox furcatus (HENSEL, 1859)	×	
Euprox dicranocerus (KAUP, 1833)	×	×
Heteroprox larteti (FILHOL, 1890)	×	
Amphiprox anocerus (KAUP, 1833)	×	
Dicrocerus elegans LARTET, 1851	×	
»*Cervus*« *nanus* KAUP, 1839	×	
Miotragocerus cf. *pannoniae* (KRETZOI, 1941)	×	×

Das größte Tier der dortigen Fauna und des damaligen Mitteleuropa ist – namengebend für das Sediment – das *Dinotherium*. Seine Zähne gehören zu den häufigsten Funden. Aus den Extremitätenknochen kann die Schulterhöhe auf fast vier Meter geschätzt werden *(giganteum)*. Auch die Mastodonten gehören zu den Riesen. Die kleinsten Säuger hingegen sind die Hundsaffen *Mesopithecus* und die Biber. Etwa schimpansengroß sind die letzten Menschenaffen Mitteleuropas, *Paidopithex* und *Rhenopithecus*. In der Liste der Fundhäufigkeit folgen auf die Dinotherien die Mastodonten und *Hipparion*, dann die Nashörner. Die übrigen Gruppenvertreter sind selten bis sehr selten.

Literatur: ROTHAUSEN & SONNE 1984; TOBIEN 1983.

Abb. 7 Die charakteristisch hellen Sand-Kies-Ablagerungen der altpliozänen Rheinhessischen Dinotheriensande in der Lokalität Westhofen (Abb. 5) sind wegen des mäandrierenden Urrheins unruhig geschichtet.

Abb. 8 Die im Altpliozän abgelagerten Vogesenschotter im Bois de Raube im Gebiet von Delsberg im Schweizer Jura (Abb. 9). Die Komponenten sind auffällig gut gerundet und sorgfältig eingeregelt. Charaktergestein ist der Vogesenporphyr (gesprenkeltes Geröll links unten, unter dem schwarzen, über der Mergellinse).

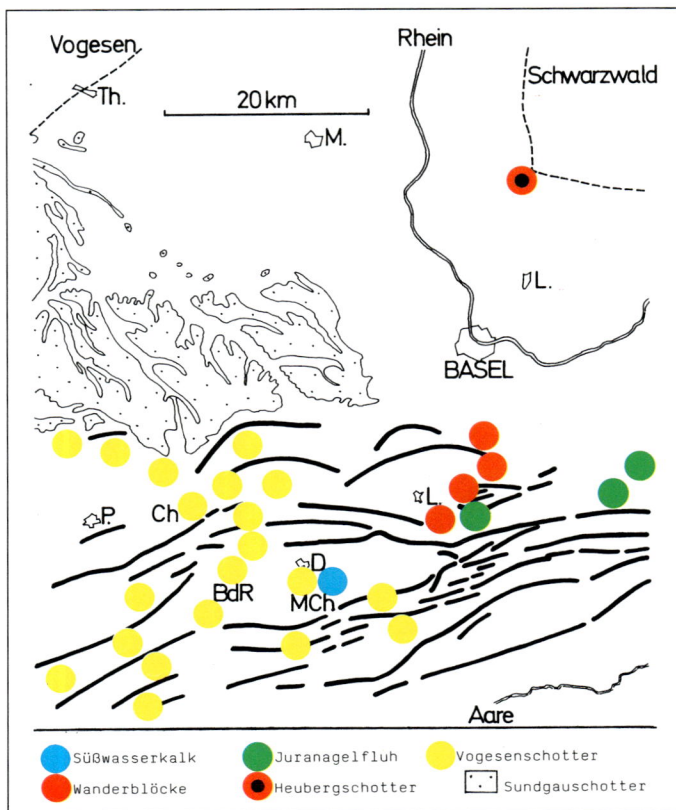

Abb. 9 Schotter und Wanderblöcke in der Region von Basel und im Faltenjura, die aus Schwarzwald und Vogesen bzw. mit der Aare gekommen sind, sowie Vorkommen obermiozäner Süßwasserkalke. (BdR = Bois de Raube; Ch = Charmoille; D = Delsberg; L = Laufen bzw. Lörrach; MCh = Mont Chaibeux; M = Mühlhausen; P = Porrentruy; Th = Thann)

Abb. 10 Gegenwärtig ist das Höwenegg im Hegau nicht mehr die Basaltkuppe von einst, weil diese im Zuge des Abbaues der Schlotfüllung abgetragen wurde (rechts neben der Erhebung, über den vegetationsfreien Halden). Die Grabungsstelle auf die altpliozänen Fossilien befand sich am halben Hange, unterhalb der Erhebung in Bildmitte, zwischen den Bäumen.

Legend (Abb. 9):
- 🔵 Süßwasserkalk
- 🟢 Juranagelfluh
- 🟡 Vogesenschotter
- 🔴 Wanderblöcke
- ◉ Heubergschotter
- ⠂ Sundgauschotter

Abb. 11   Der Aitrachtal-Torso bei Blumberg (Häuser) von Westen in Fließrichtung der Aare- bzw. Feldbergdonau gesehen. Links der Eichberg, an dessen Kuppe (200 Meter über dem Talboden) die alpinen Gerölle der Aaredonau nachgewiesen sind. Vertiefung und Ausformung zum gegenwärtigen Talquerschnitt erfolgten erst während des Pleistozäns durch die Feldbergdonau. Zwischen Blumberg und dem Aufnahmepunkt hat sich die Wutach ein- und das Tal abgeschnitten. Den Steilhang (vor Blumberg) fließt das Schleifebächle herunter nach Achdorf in die Wutach.

Abb. 12   Das Engtal der oberen Donau vor dem Kloster Beuron (608 m NN, im Hintergrund). Blick vom Knopfmacherfels donauabwärts nach Nordosten. Auf der Hochfläche der Irndorfer Hart (Horizont, rund 830 m NN hoch und etwa zwei Kilometer nördlich der Donau) finden sich größere Vorkommen von Alten Donauschottern der Aaredonau.

Abb. 13 Die Sande und Kiese des arvernensiszeitlichen Klingenberger Nebenflusses, zwischen Schippach und Mechenhardt, künden im Geröllbestand von der früheren Bedeckung des Spessarts mit Muschelkalk und Malm und in der gleichmäßigen Lagerung von ruhigen Ablagerungsbedingungen.

Abb. 14 Blick von der Ruine Homburg nach Südwesten über das Werntal auf einen arvernensiszeitlichen Taltorso oberhalb von Gambach. In den Karstfüllungen des dortigen Muschelkalks finden sich Arvernensisschotter. Am Horizont der Buntsandsteinspessart.

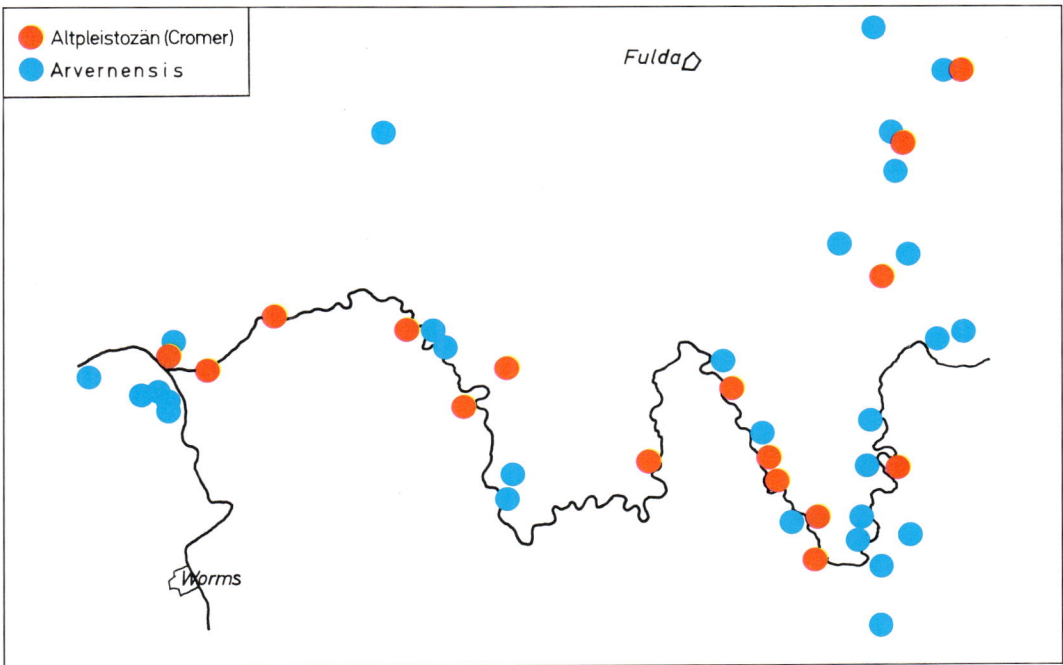

Abb. 15 Die Nachweise von arvernensiszeitlichen und altpleistozänen Dokumenten am Vogelsberg, in der Rhön, im Mittel-/Untermaingebiet und Mainzer Becken. Während die Entwässerung in der Arvernensiszeit im Miltenberger Strom (mit dem Klingenberger Nebenfluß), im Wernfelder Fluß und dem Ostheimer Nebenfluß nach Südosten zur Feldbergdonau führte, sind die altpleistozänen Zeugnisse, darunter die wertvollen des Mittelmaincromer, Ablagerungen des inzwischen zusammengestückelten Mains.

Abb. 16 Der Eingang des Mains in den Buntsandsteinspessart bei Wernfeld. Blick flußauf nach Süden. Im Niveau des Standortes sind mächtige Sande einer ältestpleistozänen 70 Meter-Terrasse überliefert.

Abb. 17 In einer der hellen, horizontalen Ton-Linsen zwischen den Sanden und Kiesen der Arvernensisablagerung von Wollbach im östlichen Rhönvorland fand sich eine beachtliche Blatt-Flora (Abb. 19).

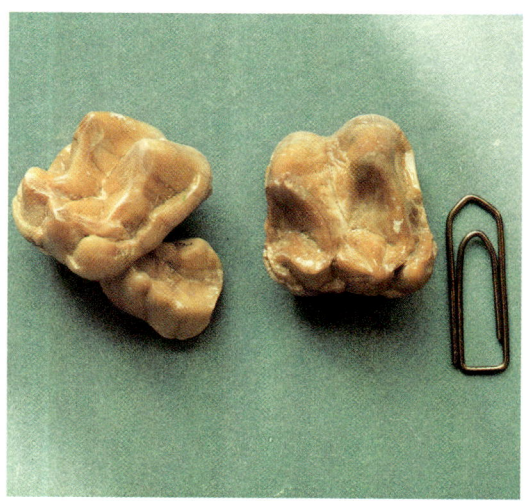

Abb. 18 Milchzähne des Leitfossils *Tapirus arvernensis* aus den Arvernensisablagerungen von Ostheim v. d. Rhön.

Abb. 19 Ein Blatt des Zürgelbaums *Celtis begonoides* in Tonen der Arvernensisablagerungen von Wollbach (Abb. 17). (Aufnahme Kelber)

Abb. 20 Der Hessenreuther Berg besteht größtenteils aus fluviatilen Sand-Schotter-Schüttungen aus paläozoischen Gesteinen der Regionen zwischen Fichtelgebirge und Oberpfälzer Wald und zwischengelagerten Tonlinsen. Die frühere Annahme, es seien Sedimente der Kreide, ist wegen der sehr geringen Verfestigung der Komponenten in Zweifel zu ziehen.

Abb. 21 Der Naturpark Hessenreuther Wald des Hessenreuther Berges (Silhouette im Hintergrund) überragt vor der Fränkischen Linie im Gebiet von Erbendorf (506 m NN) den Oberpfälzer Wald mit seinen höchsten Erhebungen um mehr als 200 Meter. Es handelt sich vermutlich um einen in der Arvernensiszeit im Übergang zum Vorland geschütteten Schwemmfächer eines aus dem Egertalgraben kommenden starken Flusses. Blick von der Keuperlandschaft zwischen Kemnath und Neustadt am Kulm nach Südosten.

Abb. 22 Die Landkarte der Regionen zwischen östlicher Untermainebene mit Aschaffenburg, Mainviereck, südlichem Maindreieck und Tauberland zeigt in den gleichbleibend parallelen Talerstreckungen von Erft, Tauber, den Tälchen im Bauland, aber auch im Maintal zwischen Miltenberg-Aschaffenburg bzw. Ochsenfurt-Gemünden die typischen Richtungen von Arvernensisströmen. Sie haben nichts mit den dort möglichen NW-SE-Verwerfungslinien gemein.

Abb. 23 Die Ablagerungen der altquartären Abens (Abb. 26) am Bahnhof Thaldorf in 365 m NN Höhe bestehen hauptsächlich aus umgelagerten Molassekiesen der Abensberger Gegend. Die Schrägschichtungserscheinungen künden von starker fluviatiler Energie im heute fast trockenen Hopfental.

Vogesenflüsse und Lebewelt im Schweizer Jura

Die Qualität der Altpliozän-Dokumentation wird in einigen großartigen Fossilfundstellen in fluviatilem Vogesenmaterial im Gebiet von Delsberg sowie in der Ajoie (Elsgau) bestätigt. Mehrere kilometerbreite Flußsysteme bringen mäandrierend zunächst Sand, dann gröberes Geröll vom Südhang der Vogesen. Da und dort werden in den Sanden unterwegs aufgenommene Leichen einer zeitgemäßen altpliozänen Säugerfauna (Tab. 6) abgeladen. Zwischen den Schottern setzen sich gelegentlich Altwasserbildungen in Form von Mergellinsen ab. Im Becken von Charmoille werden solche Ablagerungen 50 Meter mächtig.

Zuerst lagern sich in breiten, flachen Rinnen die braunroten Vogesensande ab, wechsellagernd mit bunten Tonen und Mergeln. Weil sich hier die meisten Säugetiere finden, werden sie auch Hipparionsande genannt. Anschließend, im Zusammenhang mit den ersten Regungen der Jurafaltung, werden mit der Verstärkung der Strömungen die Kaliber größer. Die Vogesenschotter (Abb. 8) bieten im Spektrum der stets auffällig gut gerollten, maximal faustgroßen Gerölle Buntsandstein, violetten Quarz, braunroten und grauen Porphyr, Porphyrit, schwärzliche Kulm-Gesteine, Diabastuffe, Amethystdrusen, Malm und wenig Dogger. Die Mergel und Tone halten sich in Form mehr oder weniger großer Linsen bevorzugt an die Basis der Schotter (Abb. 8). In siltigen Sanden sind öfters Wasserschnecken, die Teichmuschel *Unio*, Blätter und andere Pflanzenreste aufzufinden.

Im Laufenbecken stößt das Areal der Vogesenablagerungen mit der Wanderblockformation zusammen (Abb. 9). Jene Aufschlüsse, die eine Verzahnung aufzeigen könnten, lassen keine sichere Entscheidung über die Altersrelation zu. Die Annahme, die Wanderblöcke seien jünger, weil sie auf feinen Quarzsanden (als Äquivalent zu den Vogesensanden) zu liegen scheinen, möchten wir allein deshalb in Frage stellen, weil doch dann der Strom der Wanderblöcke solch weiches Liegendes aufgearbeitet hätte. Unbekannt ist die Richtung, welche die Gewässer nach dem Erreichen des Mittellandes einschlugen; wahrscheinlich flossen sie nach Westen Richtung Mittelmeer.

Literatur: HANTKE 1978; HAUBER 1982; LINIGER 1963, 1966, 1967; SCHAEFER 1961, 1966.

Höwenegg – Hipparionstute mit geburtsreifem Fohlen

Mehrere groß angelegte Ausgrabungen an der Flanke des Hegau-Basaltberges Höwenegg (Abb. 10) haben in den fünfziger Jahren sehr gute Daten zur Geologie und Paläontologie des Altpliozäns geliefert. Zusammen mit den Sedimentschichten eines Teiches wird die darin gespeicherte, überaus reiche Lebensgemeinschaft von der Schlotfüllung des folglich jüngeren Höweneggbasaltes kontaktiert. Das Alter des Basaltes wurde zuletzt mit elf Millionen Jahren bestimmt. Da der Basaltaufstieg zeitgleich der Alpen-Hauptheraushebung und Jurafaltung anzunehmen ist, wird aller Alter seitdem mit »Ende Altpliozän« umschrieben. In mehreren Ausgrabungskampagnen sind über 1000 Objekte geborgen worden. Viele sind inzwischen der Stolz der Badischen Landessammlungen für Naturkunde in Karlsruhe.

Die Fundschichten verteilen sich am halben Berghange auf einem mächtigen vulkanischen Deckentuff, der seinerseits Juranagelfluh aufliegt. Auf jeder Schichtfläche sind reichlich Pflanzenhäcksel zusammen mit auffällig vielen Samen des Zürgelbaums *Celtis* anzutreffen. Wasserschnecken, Ostrakoden, Süßwasserkrabben und Insekten repräsentieren die Wirbellosenfauna. Schleien und Wels künden von gesundem, nahrungsreichem Wasser. Auf Schicht 20 ist ein Massensterben von Fischen registriert; auf achteinhalb Quadratmeter verteilen sich 165 Individuen des Weißfischchens *Leuciscus*. Wasserschildkröten sind vergleichsweise häufig; die Nachfahren der drei in unserer Fundschicht angetroffenen Gattungen sind heute in Kleinasien heimisch.

Die *Säugetierfossilien* verteilen sich über viele Schichtflächen der damals rund fünf Meter abgegrabenen Sedimentfolge; sie sind also nicht, wie man wegen des nahen Vulkans folgern könnte, Katastrophenopfer. Mag sein, daß dieses und jenes Huftier in Panik auf vulkanische Unruhe reagierte und in das Wasser stürzte und ertrank – auch jagende Raubtiere oder Unglücksfälle an Ufern können die Todesursache sein. Weil die meisten Skelette im natürlichen Verband liegen und keine transportbedingten Zerstörungen aufweisen, ist an aufgebläht schwimmende Leichen zu denken, die nahe der Uferzone ums Leben gekommen waren. Erst im Niedersinken werden sie von den leichten Strömungen, zusammen mit den Pflanzenstengeln und Fischkadavern, eingeregelt. Kleinsäuger sind ziemlich selten, vielleicht wegen einer zu nassen Teichumgebung oder weil die Eulenvögel, üblicherweise die Hauptlieferanten für diese Fossilien, ihre Gewölle nicht nahe genug am Wasser ausspeien konnten. Vogelrelikte sind übrigens nicht gefunden worden. Die Großsäuger stellen mehrere Altpliozän-Leitfossilien: die Hyäne *Ictitherium*, das Scharrtier *Chalicotherium*, den Zwerghirsch *Dorcatherium*, die Antilope *Miotragocerus*. Dazu kommen drei Nashorn-Gattungen, ein großes Mastodon und der Riese in den Höweneggschichten, das *Dinotherium giganteum*.

Zum Ende der Ausgrabungen (1958) waren 13 vollständig überlieferte Skelette des zebragroßen *Hipparion gracile* – dem dreizehigen altpliozänen Pferd – geborgen. Dank dieses reichen Untersuchungsmaterials kann die Frage nach der Funktion der beiden seitlichen Zehen dieses Tieres beantwortet werden: Die Seitenzehen berührten nur beim schnellen Lauf den Boden.

Ein weltweit einzigartiges paläontologisches Dokument ist das in Karlsruhe ausgestellte Skelett einer Stute mit Fohlen. Es ist nahezu geburtsreif, denn es weisen das Schädelvorderende bereits beckenauswärts, das Schädeldach nach oben zur Wirbelsäule der Mutter und die Extremitäten nach unten. Dies ist die normale Geburtsstellung auch bei den heutigen Pferden. Die Milchzähne sind voll entwickelt.

Literatur: GEYER & GWINNER 1979; SCHREINER 1976; TOBIEN & JÖRG 1959.

Noch immer keine Donau

Rings um das Ries, auf der Altmühlalb, auch im Nordteil des Molassebeckens – bis jetzt immer reich an Ereignissen – tut sich nicht viel. Seeablagerungen bei Georgensgmünd, vielleicht der letzte Rest des Rezat-Altmühl-Stausees, führen *Hipparion*, mehrere Lokalitäten in Nordwestböhmen *Dinotherium*. Im Rhein-Main-Gebiet und in der Rhön sammelt sich noch Braunkohlentertiär an. Im Alpenvorland, in Schwaben und Oberbayern, werden die letzten Sedimente der Oberen Süßwassermolasse registriert.

Eine U r d o n a u ist nicht zu beweisen. Zumindest hypothetisch kann man aber ein Gewässer vor dem Bayerischen Wald mit Fließrichtung Oberösterreich annehmen, weil dort hie und da in altpliozänen Aufschüttungen bayerisches Quarzitkonglomerat auftaucht. Die Schwelle von Amstetten hat ihre Sperrfunktion verloren. Die Verbindung zwischen Molassebecken und Wiener Becken ist wieder hergestellt. In ineinanderfließenden riesigen Fächern streuen die Vorläufer von Inn, Salzach und besonders Enns mit ostwärtigem Trend viel Material ausgerechnet in das schmale oberösterreichische Verbindungsstück. Im Hausruck und Kobernaußer Wald lagern sich Kohlentone und Schotter ab – mit *Hipparion gracile.*

In Niederösterreich steht dem aber ein entgegengesetzter Fließ- und Transportprozeß gegenüber. Aus dem Karpatenraum stoßen nämlich über die Zayafurche gewaltige Wassermassen in Richtung Westen vor und lagern riesige fluviatile Schotterkegel bis ins Kremser Feld und an den Steinbergbruch im Wiener Becken ab. Mistelbacher- und Hollabrunner Schotterkegel (Karte 5) sind nicht nur reich an Zeit und Sediment charakterisierenden Wirbellosen-Fossilien, sondern auch an Wirbeltier-Leitfossilien, wie *Hipparion gracile*, Nashörnern, Mastodonten und *Dinotherium.*

Literatur: Fink & Piffl 1976; Fuchs 1980; Lemcke 1975, 1981, 1984; Papp 1959.

6. Ende Altpliozän

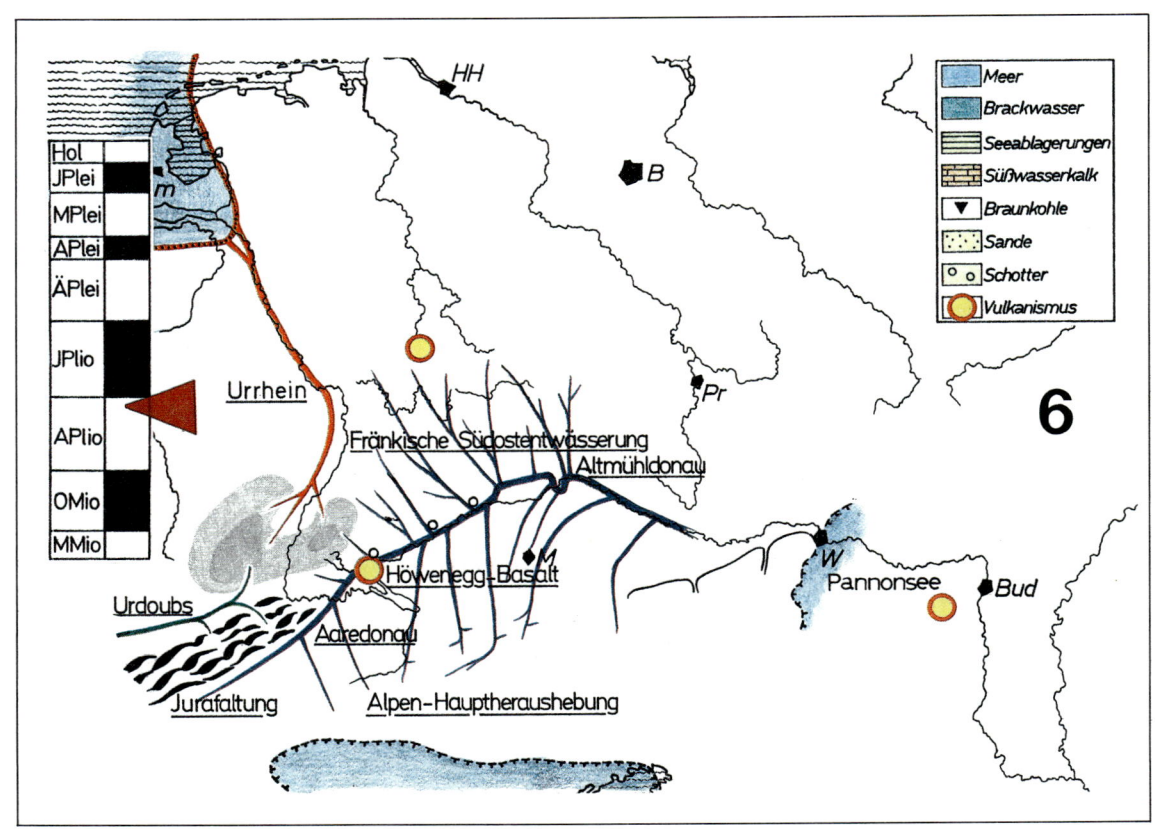

Hol	
JPlei	
MPlei	
APlei	
ÄPlei	
JPlio	
APlio	
OMio	
MMio	

Meer
Brackwasser
Seeablagerungen
Süßwasserkalk
Braunkohle
Sande
Schotter
Vulkanismus

HH
B
m
Pr
Urrhein
Fränkische Südostentwässerung
Altmühldonau
6
W
Höwenegg-Basalt
M
Pannonsee
Bud
Urdoubs
Aaredonau
Jurafaltung
Alpen-Hauptheraushebung

Die Alpen-Hauptheraushebung bringt Unruhe ins nördliche Land – Teile des Schweizer Jura werden in Falten gelegt – Die Aaredonau beweist sich in Baden-Württemberg – Erste Andeutungen der Altmühldonau – Rätselhaftes Verschwinden der Aaredonau in Niederbayern

Der Schweizer Faltenjura entsteht

Gäbe es nicht die vielen altpliozänen Leitfossilien, wäre der für das heutige Mitteleuropa bedeutendste tektonische Vorgang, die Alpen-Hauptheraushebung und ihre Folgen für das nördliche Vorland, Jurafaltung, Vulkanismus, Abdachung Thüringens und Frankens nach Süden, Donaurandbruch und Aaredonau, nicht so präzise zu fassen.

Der Höwenegg-Basalt, von diesen Bewegungen offenbar mobilisiert, tangiert die dortige Lagerstätte altpliozäner Fossilien. In der Nordschweiz wird innerhalb der salz- und gipsreichen Schichten des Mittleren Muschelkalks vom Nordschub – wie ein Tuch auf der Tischplatte – der aufgelagerte Jura abgeschert, in Falten gelegt und teilweise auf den verbliebenen Tafeljura geschoben. Älteres Tertiär, die Wanderblockformation, ein wenig Juranagelfluh, Süßwasserkalke und nahezu alle Vogesensande und -schotter samt ihren altpliozänen Fossilien werden von der Faltung ergriffen und in Mulde oder Scheitel in Höhen zwischen 400 bis 1150 Metern gebracht. Da und dort, zum Beispiel um Delsberg, bleiben plattige, faltenumsäumte Bezirke stehen (Abb. 9). Nach Abschluß der Faltungsprozesse dürften ein Urdoubs die Nordregion des Kettenjura und ein Zubringer der Aaredonau die Südregion Richtung Mittelland entwässert haben; Zeugnisse sind allerdings nicht überliefert.

Literatur: HAUBER 1982; LAUBSCHER 1982; LINIGER 1967.

Das einzige Dokument vom Urrhein

Erst vor kurzem ist aus dem rheinhessischen, zwischen Alzey und Oppenheim gelegenen Dorn-Dürkheim ein eigenartiges, aber wichtiges Dokument bekannt geworden. Dabei handelt es sich um ein direkt dem dortigen Meeressand auflagerndes winziges Vorkommen einer genetisch unerklärlichen Mischung aus Sanden, Tonen, Geröllen aufgearbeiteter Dinotheriensande und massenhaften (zerbrochenen) Skelettresten überwiegend sehr großer Säugetiere. In dieser Knochenbrekzie sind ein übergroßes Dinotherium, Mastodon, Tapir, Hyäne, Reh, Nagetiere (darunter eine neue Biber-Art) – weitgehend alle Bewohner einer Savannenlandschaft – nachgewiesen. Erste Untersuchungen haben erbracht, daß diese Formen gegenüber denen der Rheinhessischen Dinotheriensande anatomisch progressiver sind, aber die Entwicklungshöhe der Arvernensisfauna noch nicht erreicht haben.

Literatur: ROTHAUSEN & SONNE 1984.

Die Aaredonau – eine Herausforderung für die Phantasie

Die Quelle der Aaredonau liegt im Aaremassiv des Berner Oberlandes. Ihr Oberlauf führt durch das Schweizer Mittelland. Eine erste Dokumentation sind die Quarzitgerölle am Villiger Geisberg im Kanton Aargau. 55 Kilometer weiter im Nordosten verzeichnen wir dann die wohl wichtigsten flußgeschichtlichen Zeugen der Aaredonau. Es sind die am obersten Rand des erst im Pleistozän voll ausgebildeten Aitrachtales (Abb. 11 und 70) nachgewiesenen Schotter des Eichbergs – 200 Meter über der Talsohle, in 900 m NN Höhe gelegen. Hauptsächlich aus Gangquarz, Quarziten und verkieseltem Buntsandstein, seltenem Muschelkalk und dem besten alpinen Leitgestein, dem Radiolarit, also Material sowohl aus dem Schwarzwald wie aus den

Alpen, setzt sich der Schotter zusammen. Fossilien sind noch nicht gefunden worden; vielleicht, weil diese alten Geröllansammlungen sehr viel Kalk durch Lösung verloren haben.

Weiterführende Dokumente finden wir auf der Schwäbischen Alb. Die Alten Donauschotter markieren einen Aaredonau-Lauf, der wenig nördlich der heutigen Donau liegt. Wir finden sie auf den Höhen südlich Fürstenberg und Gutmadingen in 900 m NN, zwischen Geisingen und Tuttlingen, oberhalb Beuron und Hausen im Tal. Die weite Fläche nördlich von Schloß Werenwag bietet uns massenhaft alpine Schotter wie auch im Riesereignis entstandene lokale Alemonite und in situ-Verkieselungen. Zwischen Stetten a. k. M. und nördlich Sigmaringen, am Emerberg bei Zwiefaltendorf, nördlich des Blautales bei Blaubeuren und Sonderbuch, am Hochsträß bei Markbronn, um Oberelchingen nordöstlich Ulm und dann erst wieder in der Altmühlalb liegen weitere Vorkommen dieser Alten Donauschotter.

Etliche Trockentäler auf der Albhochfläche waren ehemals von Nebenflüssen der Aaredonau durchflossen. Ihr Oberlauf besitzt ein nur schwaches Gefälle. Dagegen sind Mittel- und Unterlauf als Folge späterer Zugriffe von der Donau aus rückschreitend versteilt worden.

Literatur: DONGUS 1960, 1977; GEYER & GWINNER 1979; HANTKE 1978; KRAUTER & ROTHER 1982; LINIGER 1966; SCHREINER 1976; WAGNER 1961.

Die ersten Andeutungen der Altmühldonau

Die letzten verläßlichen Aaredonau-Zeugnisse verzeichnen wir also 50 Kilometer vor Donauwörth auf der Schwäbischen Alb. Über ihren weiteren Weg können wir nur spekulieren. Wir lenken den Fluß gedanklich um das Nördlinger Ries herum in die vom Riesereignis über die Altmühlalb geschlagene Tiefenzone, in die Impaktstraße, ungefähr über die heutige Altmühl (Abb. 3). Wenn uns dazu die Dokumente fehlen, so mag dies in erster Linie an der zunächst extrem großen, erst später weggeräumten Mächtigkeit der impaktischen Auswurfmassen liegen.

Ein paar Hinweise erhalten wir im Treuchtlinger Bezirk (Abb. 4): Nördliche Zubringer hinterlassen 150 Meter über der heutigen Altmühl dürftige Spuren; sie führen über dem noch plombierten präriesischen Relief zur Aaredonau. Diese Spuren – man hatte sie früher als Marken des auslaufenden Rezat-Altmühl-Stausees interpretiert – haben nur wenig mit dem heutigen Lauf der Altmühl zu tun.

Trotz bester Überlieferungsbedingungen und intensiv geführter Untersuchungen gibt es ab Pappenheim kein einziges Dokument mehr, auch nicht aus dem Riedenburg-Kelheimer Raum. Die früher übliche Vorstellung, geologische Zeugnisse seien zusammen mit der Oberen Süßwassermolasse abgeräumt worden, ist nicht haltbar, weil diese nördlich Tettenwang gar nicht zur Ablagerung gekommen war. Vielleicht ist die Ursache dieses Mangels jener spontane Energieverlust, den der Fluß erfuhr, als er die weite, womöglich dick mit losen Auswurfmassen bedeckte Ebenheit der impaktischen Nivellierungsfläche erreichte. Doch schon in der nächsten flußgeschichtlichen Phase wird die Situation der Altmühldonau, wie wir jene Donau auf der Strecke von Donauwörth über Dollnstein nach Kelheim nennen (Abb. 24), klar und übersichtlich; gleiches gilt für Verlauf und Zahl der nördlichen Zubringersysteme, der fränkischen Südostentwässerung.

Literatur: TILLMANNS 1977, 1980.

In Niederbayern verschwindet ein Strom

Nach Spuren in Unterfranken zu urteilen, bewegt sich das Deckgebirge geschlossen über eine großzügig reliefierte Grundgebirgsoberfläche. Die bis heute maßgeblichen tektonischen Groß-strukturen resultieren aus Pressung und Dehnung, Schiebung und Scherung, Hebung und Senkung. Am Rande zum Alten Gebirge wird das Deckgebirge gestaucht und in Bruchschollen-gebiete zergliedert. Die Pfahllinie im Bayerischen Wald lebt auf. Scharf schneidet der Donaurandbruch die obermiozänen Braunkohlen-Talungen ab und versenkt sie mitsamt der Unterlage im Südflügel um Hunderte von Metern in einen tektonischen Graben zwischen Regensburg und Vilshofen. Tiefbohrungen im Umland von Straubing melden nun in Nähe des Donaurandbruches enorme Mächtigkeiten einer in der Literatur gewöhnlich als Miozän

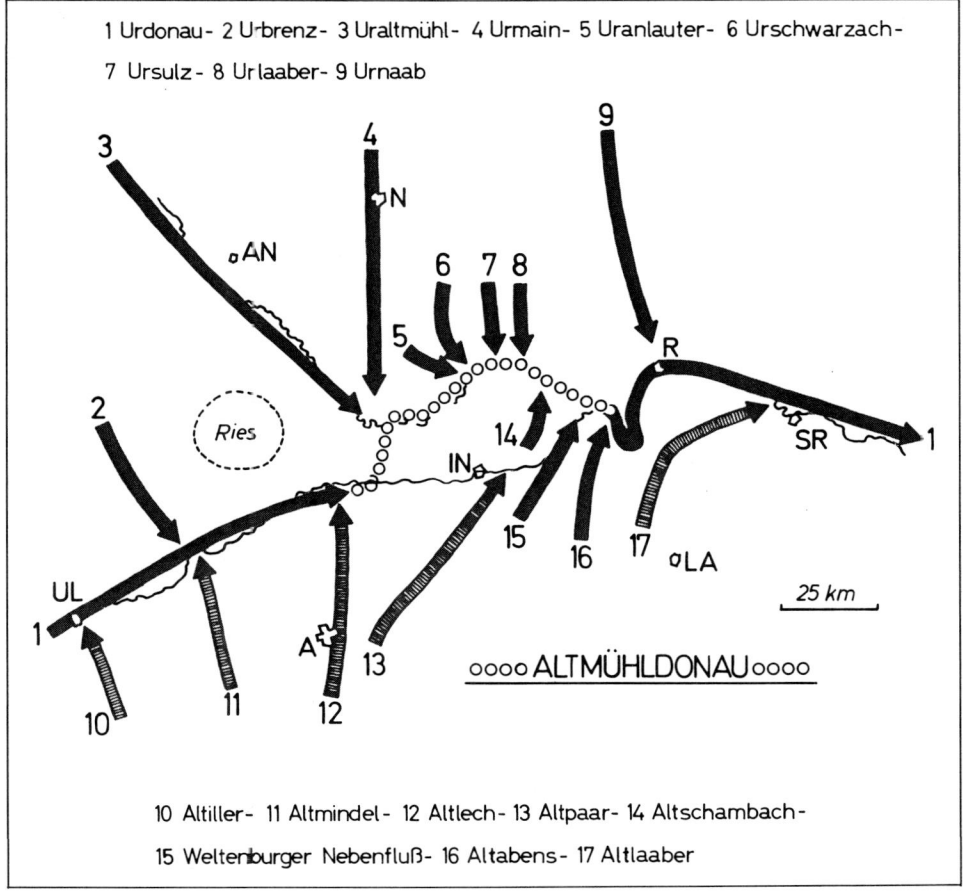

Abb. 24 Rekonstruktion des Flußnetzes zwischen Ulm und Straubing zur Zeit der Fränkischen Südostent-wässerung und in der Arvernensiszeit. Die von Norden kommenden Zuflüsse sind wesentlich besser dokumentiert.

bezeichneten Sand-Schotter-Abfolge. Da es sich nicht um die übliche Obere Süßwassermolasse handelt, stellt sich die Frage, ob wir die Schüttungen der Aaredonau vor uns haben. Daß sich die Gegend von Straubing auch gegenwärtig noch senkt, beweisen 34 Meter eines allein in historischer Zeit dort angesammelten Alluviums. Deshalb ist es nur logisch, die Dokumente der Aaredonau in tiefer Versenkung und unter starker Überschüttung zu vermuten. Dies könnte auch erklären, weshalb wir stromab Sedimente vermissen: Die Auffüllung der niederbayerischen Senkungsstreifen vor dem Alten Gebirge hat alle Transporte aufgebraucht.

Bei Wien kein Hinweis auf eine Donau

Der Inzersdorfer Tegel, das Ziegelrohgut Wiens, ist dort das Hauptgestein der altpliozänen Sedimentation. Im differenziert absinkenden Wiener Becken, im Randgebiet des Pannonsees, lagern sich fossilreiche Tonmergel und Sande, seltener Kiese ab. Zunächst ist das Sediment noch »kaspibrackisch«, später aber ausgesüßt; dies wird in gelegentlich wirbeltierführenden, auch pflanzenhaltigen Ablagerungen nachgewiesen. Für ein Fließgewässer, das mit einer Donau in Verbindung gebracht werden könnte, gibt es noch immer keine Andeutungen.

Literatur: FUCHS 1980.

56

7. Arvernensiszeit

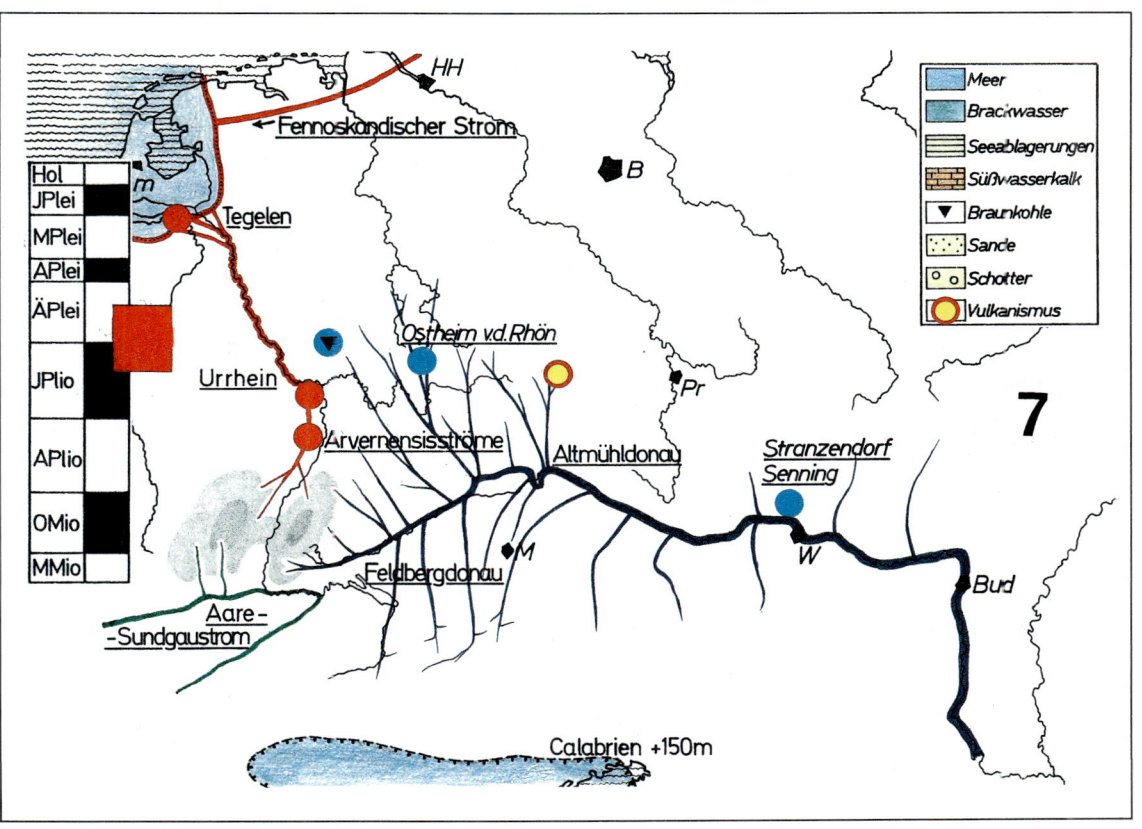

Der an Fossilien, Sedimenten und morphologischen Dokumenten reichhaltigste Zeitabschnitt – Der Aare-Sundgaustrom wendet sich dem Mittelmeer zu – Im Mündungsgebiet des Urrheins Kieseloolithschotter und Tone des Tegelen – Die Quelle der Donau liegt am Feldberg – In der Altmühldonau mischen sich fränkische mit alpinen Geröllen – Übersichtliche paläogeographische Verhältnisse um Wien – Beweise für Muschelkalk über dem Spessart – Die Quellen der größten Arvernensisströme liegen in Hessen und Thüringen – Riesenschüttungen in der Oberpfalz vielleicht Arvernensis

Ein Gang über Formationsgrenzen

Die Arvernensiszeit ist ein faszinierender Abschnitt. Nach dem dokumentationsdürftigen Pliozän mit und nach der Alpen-Hauptheraushebung setzt sie irgendwann in der zweiten Hälfte des Jungpliozäns ein, von erstklassigen Leitfossilien markiert, und geht, wiederum paläontologisch gut abgesichert, über die Tertiär-/Quartärgrenze hinweg in das Ältestpleistozän hinein (Tab. 1). Um es vorwegzunehmen: Es gibt in der jüngeren Erdgeschichte Mitteleuropas aus einem derart langwährenden Zeitabschnitt nirgends bessere Daten und Dokumente zu Tier- und Pflanzenwelt, zum Klima, zur Flußgeschichte. Alles beweist, daß der Beginn der Formation Quartär nichts mit einem Klimasturz zum Eiszeitalter zu tun hat. Andererseits gibt es gegenwärtig auf der Erde keine Region mit derart vielen eng benachbarten und dabei überaus transportstarken Fließgewässern. – Arvernensis ist ein in die Artbezeichnung mehrerer Leitfossilien (*Tapirus arvernensis* u. a.) eingegangener Begriff, der zuerst für im Rhonetal, einem Gebiet, in dem einst der gallische Volksstamm der Arverner heimisch war, ausgegrabene Fossilien vergeben wurde.

Die Aare wendet sich dem Mittelmeer zu

Im Jungpliozän scheint sich die Schwarzwaldregion schon wieder zu heben, weil die obere Aare, die bislang zur Aaredonau in Richtung Nordosten unterwegs war, bei Waldshut, wie auch heute noch, zum scharfen Umbiegen nach Westen in Richtung Basel gezwungen wird. Damit stellt sich die Frage, ob ein vom Südende des Rheintalgrabens ausgehendes Gewässer die Aaredonau anzapft. Jedenfalls verliert die Aaredonau ihren mächtigen Zubringer. Ein vom Feldberg kommender, bisher kleiner Nebenfluß ist nun der Quellfluß der Feldbergdonau.

Die umgebogene Aare überschüttet nun ab Basel mit dem Erreichen der Niederung des Rheintalgrabens die Region des heutigen Sundgaus. Die Ablagerungen, die Sundgauschotter (Abb. 9), erreichen den Fuß der Südvogesen und den Eingang der Burgundischen Pforte. Der Sundgaustrom nimmt den Urdoubs auf und fließt unter Hinterlassung zahlreicher Schotterfelder weiter zur Rhone und ins Mittelmeer.

Die allgemeine Abdachung geht im südlichen Rheintalgrabenbereich von der Kaiserstuhlwasserscheide aus nach Süden. Im Nordosten von Basel, zwischen Kanderner Vorbergen, Tüllinger Berg, Dinkelberg und Wehratal, könnte das in rund 430 m NN verbreitete Lingert-Niveau mit seiner überreichen Bedeckung aufgearbeiteter Heubergschotter (Abb. 9) und seiner nach Süden Richtung Vorfluter Sundgaustrom fallenden Neigung ein Hinweis auf das Südgefälle sein. Der Sundgau, die plattig-flache Region um Mühlhausen, erhält sein morphologisches Gepräge von den sich deckenhaft ausbreitenden Sundgauschottern, über die im Jungpleistozän zusätzlich nivellierende Lößmengen, örtlich bis zu 16 Meter mächtig, aufgeweht werden. Die Auflagerungsfläche wird unter späteren tektonischen Beeinflussungen in die gegenwärtig sehr verschiedenen absoluten Höhenlagen zwischen 360 und 500 m NN gebracht, an der Wurzel bei Basel, in der Ajoie und im Vorfeld der Vogesen höher, im Rheintalgrabenbereich am tiefsten.

Dachziegellagerung beweist allerorten die von Osten nach Westen gerichtete Strömung. Im Wurzelbereich zeigen die Gerölle bis zu 50 Zentimeter Durchmesser. Im Südosten, in zwei Dritteln der Verbreitung, dominiert alpines Material. Es kommt aus dem Aaremassiv, und der

Radiolarit ist Leitgestein. Im Nordwesten, jenseits der Linie Altkirch-Dannemarie (Abb. 9), bestehen die Gerölle zur Hauptsache aus Vogesengestein. In der Ajoie werden stellenweise altpliozäne Vogesenschotter aufgearbeitet. Komponenten aus dem Schwarzwald wie auch dem Jura sind eigenartigerweise höchst selten. Die Mächtigkeit liegt ziemlich einheitlich bei rund 20 Metern. Überall sind die Sundgauschotter sehr stark verwittert: Kristallin ist zersetzt, der Kalk ausgelaugt. Solcher Zersatz hat örtlich Tonlinsen entstehen lassen. All dies erklärt, daß noch nie ein Fossil gefunden wurde. Erst hinter der Burgundischen Pforte – im Bressegebiet des Großraums Besançon – werden endlich die Sundgauschotter gleich in mehreren Lokalitäten durch Säugetierfunde bestätigt. In den Geröllschichten von C h a g n y sind die Mastodonten *Anancus arvernensis* und *Mammut borsoni* sowie *Elephas meridionalis* nachgewiesen – eine ganz typische Arvernensisfauna also, weil mit Vertretern des Pliozäns als auch des Pleistozäns.

Literatur: Hantke 1978; Hauber 1982; Liniger & Hofmann 1965.

Reiche Arvernensis-Dokumentation von Straßburg bis Mainz

Die ersten, südlichsten Zeugnisse des Urrheins sind die Braunkohlenlager von Soufflenheim und Bischwiller unterhalb von S t r a ß b u r g, sodann die zwischen zwei Braunkohlenhorizonten eingeschlossenen Kiese und Sande von Sessenheim – mit *Mammut borsoni*. All diese Horizonte lagerten sich im Stillwasserbereich nahe der Niederungsmitte ab.

In der V o r d e r p f a l z und im Raum K a r l s r u h e sind weißgraue Schluffe und Sande als Schwemmlandsedimente des arvernensiszeitlichen Urrheins anzusprechen. Sie liegen bei Karlsruhe in 100 Metern Tiefe. In Annäherung an den Haardtrand werden sie öfters diskordant von mehr oder weniger ortsständigen Schottern überfahren. Die morphologische Untersuchung der Reliefgenerationen bestätigt sie als Äquivalente der Arvernensisschotter. In der Queichtalgegend sind es grobe (bis kubikmetergroße) kantengerundete Blöcke und Gerölle aus gebleichtem Buntsandstein, Konglomeratkiesel, Muschelkalkhornstein – und die äußerst eigenartigen Tertiärquarzite, Kieselmassen von manchmal mehr als 50 Zentimetern Durchmesser. Hingegen bestehen am Setzerberg 70 bis 80 Prozent der Komponenten aus Muschelkalk, der heute in dieser Gegend nicht mehr vorkommt. Damit ist eine größere Muschelkalkverbreitung dokumentiert.

Ein R h e i n - M a i n - G e b i e t als Tiefenregion im heutigen Umfang hat es in der Arvernensiszeit nicht gegeben, höchstens Andeutungen in der Untermainebene, wo im Jungpliozän die Braunkohlenlagerstätten von Kahl, die wertvollen Tone von Damm, die bis zu 50 Meter mächtigen buntfarbigen und kaolinreichen Tone von Mainflingen, da und dort auch Sandschüttungen anfallen. Überall sind die Spuren tektonischer Unruhe auszumachen. Eigenwillige Bewegungen erfassen auch R h e i n h e s s e n. Dort steigen die Auflagerungsflächen der altpliozänen Dinotheriensande ebenso wie auch sämtliche Arvenensisablagerungen, entgegen dem heutigen Gefälle des Rheins, von Süden nach Norden an. Überdies sinkt das südliche Rheinhessen stärker ab. Dies äußert sich nicht nur in veränderten Sedimenten (ockerfarbene Sande), sondern auch erhöhten Mächtigkeiten.

Weitflächig wird in der Arvernensiszeit das Land von einem Urrhein gemächlich überströmt. Es verbleiben weiße, feinkörnige, auch grobe, dann tonige Sande, gelegentlich tonige Schichten, seltener Kies mit höchstens vier Zentimetern Gerölldurchmesser. Haben folglich Taunus und Rheinisches Schiefergebirge rückgestaut?

Die größte, fast geschlossene Verbreitung ist neben der Autobahn im Südwesten von Mainz zu beobachten (Abb. 15). Im Oberolmer Wald konnten kilometerlange Aufschlüsse eingesehen werden. *Anancus arvernensis* ist nachgewiesen. Die westlichsten Vorkommen um Ingelheim-Ockenheim (auch dort mit dem Leitfossil) liegen in 260 m NN Höhe; die östlichen von Mainz-Bodenheim (mit Zähnen von *Anancus arvernensis*), -Laubenheim, -Hechtsheim und -Weisenau gehen in den tiefsten Partien auf 225 m NN herunter. Sie weisen uns hin auf spätere tektonische Verstellungen der ehedem vermutlich einigermaßen einheitlich-hohen Aufschüttungsfläche im Zuge ostwärtiger Absenkung des nördlichen Rheinhessen. Es ist nicht auszuschließen, daß der Arvernensis-Rhein infolge solcher Bewegungen sukzessive nach Osten abgeglitten ist.

Auch vor dem Taunus, jenseits des Rheins, gibt es arvernensiszeitliche Relikte. Es handelt sich um mehrere leicht abgerollte Molaren der Mastodonten *borsoni* und *arvernensis*, die sich, ganz eindeutig umgelagert, an der Basis der altpleistozänen Mosbacher Sande gefunden haben – übrigens zusammen mit einem Radiusfragment des oligozänen *Anthracotherium*. Sie müssen von einer nicht allzuweit entfernten Arvernensislokalität gekommen sein, eventuell sogar aus den mit hellen Sanden gefüllten Dolinen in der Oberfläche der Hydrobienkalke, an der Basis der Mosbacher Sande.

Literatur: Bartz 1950, 1982; Rothausen & Sonne 1984; Semmel 1972; Stäblein 1968; Tobien 1968; Trunko 1984; Woldstedt 1958.

Vom Zwang, über Taunus und Spessart Muschelkalk anzunehmen

In den Mosbacher Sanden kommen, zusammen mit den Arvernensisfossilien, isolierte Blöcke aus Buntsandstein und Muschelkalk von oft beachtlichen Kalibern vor. Buntsandsteinblöcke werden mainauf und rheinab bis zum Niederrhein immer wieder an der Basis von Schotter-schüttungen beobachtet. Seit alters her werden sie als Driftblöcke, als auf Eisschollen transportierte Fremdkörper verstanden. Wir werden im Kapitel Altpleistozän (S. 103) bewei-sen, daß diese Interpretation, die ja von Bedeutung für die Klima-Aussage wäre, nicht zutreffen kann. Vielmehr müssen wir die Driftblöcke und mit ihnen all die Buntsandstein-, Muschelkalk-, Keuper- und Jura-Komponenten als Relikte jener mindestens 800 Meter Trias, Lias und Dogger, die zwischen Franken und Luxemburg auch Taunus und Spessart/Odenwald bedeckt hatten, verstehen. Es sind Schutt-, auch Schotteranreicherungen, die sich seit dem Malm auf der ältesten terrestrischen Landschaft Mitteleuropas angesammelt hatten. Die Untermainvulkane zwischen Kahl und Alzenau bestätigen schließlich mit Einschlüssen, daß dort im Miozän landoberflächlich Muschelkalk angestanden hatte.

Die Kieseloolithschotter markieren den Urrhein-Unterlauf

Aus der Arvernensiszeit kommen die ersten Unterlagen zur Beurteilung des Weges des Urrheins vom Mainzer Becken über den Block des Rheinischen Schiefergebirges ins Mün-dungsgebiet – ein Weg, geschrieben von Flußablagerungen und Terrassen, allerdings ohne aussagestarke Fossilien und ununterbrochen von großräumigen tektonischen Bewegungen gestört. Bei aller Reichhaltigkeit der Dokumente ist eine gesicherte zeitliche Zuordnung nicht für jedes Element möglich. Erst im Mündungsdelta stellen sich bessere Verhältnisse ein.

Die dem Schiefergebirge nächstliegenden fossilführenden Arvernensisdokumente hatten wir bei Ingelheim als Ablagerungen eines trägen, vermutlich gestauten Flusses in 260 m NN Höhe festgestellt. Die entsprechende Terrasse, ein immerhin 50 Kilometer breites, aber schotterfreies System, findet sich zwischen St. Goar und Boppard in Höhen um 300 m NN und liefert uns damit einen Beweis für tektonische Hebungen. In vergleichbarer Höhenlage findet sich dann die Terrasse zwischen Koblenz und Bonn als unterste von drei Höhenterrassen wieder. Bei Düsseldorf sind es schließlich fünf, jedoch in Richtung Niederrheinische Bucht abgesunkene. Es ist anzunehmen, daß über dieses Terrassensystem die Kieseloolithschotter gekommen sind. Die ersten Kieseloolithschotter werden im Neuwieder Becken und über dem unteren Mittelrheintal in charakteristischer Petrographie registriert. Eine Urmosel liefert aus Südwesten massenhaft Quarzgerölle und Lydit, seltener die namengebenden Kieseloolithe (verkieselten oolithischen Jurakalk vermutlich aus Lothringen).

Im Niederrheingebiet sammeln sich die Schotter in gelegentlich über 60 Meter mächtigen Serien, auf weite Flächen von weithin pendelnden Strömen verteilt, offenbar in Höhe der Erosionsbasis.

Dann verzahnen sie sich mit Schichten, die im Stillwasser des mittlerweile riesig gewordenen Mündungsbereiches entstehen – und eine paläontologische Markierung liefern. Die letzten Kieseloolithschotter sind zugleich mit den Reuver-Tonen, dem letzten Sediment des Pliozäns, entstanden. In diesem weitverbreiteten pflanzenreichen Stillwasserkomplex kommen innerhalb vereinzelter Sandeinschüttungen die ersten alpinen Komponenten vor. Das heißt, daß

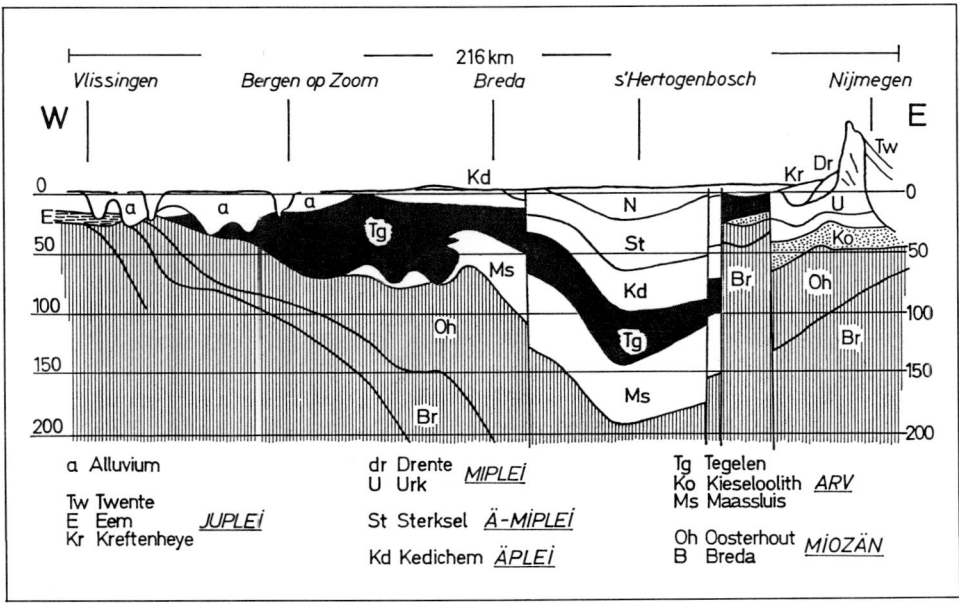

Abb. 25 Geologischer Schnitt durch Jungtertiär und Quartär im Mündungsbereich von Rhein und Maas. – Vereinfacht und stark überhöht. Nach DOPPERT et al. 1975.

die Kaiserstuhlwasserscheide zusammengebrochen ist und aus dem Urrhein der Aarerhein geworden ist.

In den Niederlanden (Abb. 25) enden die Kieseloolithschotter auf über 100 Kilometer breiter Front an der damaligen Küste. Bis auf einige Stellen zwischen Aachen und Maastricht sind sie heute von Jüngerem bedeckt. Die insgesamt höchst eintönig gewordene petrographische Zusammensetzung wird nur im Nordosten durch eine Verzahnung mit den Schüttungen des Fennoskandischen Stromes aufgelockert. Das Mündungsgebiet dieses riesigen Systems wurde erst vor kurzem im Zuge der Erdöl- und Erdgasprospektion zwischen Ijsselmeer und Dollart in Tiefbohrungen erkannt. Die Schüttung der charakteristisch weißen, kaolinigen Sande und Quarzkiese beginnt Ende Jungpliozän, dauert über das Ältestpleistozän an und endet erst mit Beginn Altpleistozän.

Literatur: BRUNNACKER & BOENNIGK 1983; DOPPERT et al. 1975, LIETZ & MANZE 1976; LOUIS 1976; QUITZOW 1974; SEMMEL 1972, 1983; ZAGWIJN 1974.

Sedimentäre Vielfalt auch im ältestpleistozänen Abschnitt

Im Mainzer Becken ist wahrscheinlich die Jüngere Hauptterrasse (165 bis 175 m NN) – schon wegen der ersten alpinen Radiolarite – eine ältestpleistozäne Bildung. Über dem Mittelrheintal sind mehrere Terrassen auszumachen. Im Vergleich mit den Höhenterrassen der Kieseloolith-schotterphase sind sie schon enger an das Tal gebunden, örtlich auch mit bedeutenden Schotteransammlungen, aber ohne Fossilien – und auch ohne fossildatiertes Überlagerndes. Tektonik hat die Höhenlage zudem verändert, weniger zwischen Bingen und Neuwied, mehr am unteren Mittelrhein und dort in der 30 Meter-Amplitude. Im Niederrheingebiet schüttet der Rhein breit einige Folgen der Hauptterrassen auf; östlich Düsseldorf sind sie morphologisch einigermaßen auszumachen. In der Ville-Erft-Region im westlichen Umland von Köln verursachen Senkungsbewegungen Mächtigkeitsunterschiede in der Aufschotterung. In der Tiefscholle kommt es zu differenzierter Sedimentation und zur Verzahnung von fluviatilen mit limnischen Elementen. Diese im Ältestpleistozän eingeleitete Schottersedimentation wird erst im Mittelpleistozän mit der Bildung der Mittelterrassen beendet. Dann ist am Saum der Bergischen Randhöhen ein bis zehn Kilometer breiter begleitender Schotterstreifen und, linksrheinisch, das 40 auf 100 Kilometer große Schotterrechteck Bonn-Krefeld-Maas-Rur fertig.

Über den Reuver-Tonen folgen in den Niederlanden gelegentlich helle Quarzsande und Kiese (Pretiglian-Schotter). Sie führen alpine Radiolarit-Gerölle. Dies und ein bestimmter brauner Farbton lassen das rheinische Gut leicht von den gelegentlichen Einmischungen der Maas-Schüttungen unterscheiden.

Die Formation von Tegelen (Abb. 25) – eine Stillwasserablagerung, entstanden in und zwischen den Mäandern der verzweigten Mündungsarme von Aarerhein und Urmaas – ist der stratigraphisch wie paläontologisch solideste Beitrag zum Quartär der Niederlande und dazu das räumlich umfassendste Arvernensisdokument Europas, allerdings zumeist von jüngeren Bildungen bedeckt. Heute sind es zehn bis 100 Meter mächtige Verbände aus teils schichtigen, teils linsenhaften Lagen von überwiegend weichem Ton, aber auch Kies, Sand und Feinsand,

62

selbst Torf. Seewärts, etwa ab Apeldoorn, verzahnen sie sich mit der marinen Formation von Maassluis (Abb. 25). Die stratigraphische Situation ist über unzählige Bohrungen, aber auch durch Aufschlüsse in Tongruben ausreichend bekannt. Die Typlokalität für den Klei van Tegelen befindet sich sieben Kilometer unterhalb Reuver (13 bis 32 m NN) an der Maas, unweit der Landesgrenze westlich von Krefeld. Überall verfügen die sandig-schluffigen Tone über einen gewissen Kalkgehalt. Er mag für die gute Erhaltung der berühmten Fossilien verantwortlich sein. Neben wärmeliebenden Pflanzen, darunter Wein und Magnolie, liefern Säugetiere die wahrscheinlich umfänglichsten Aussagen und Daten zum europäischen Ältestpleistozän.

Selbstredend sind am wichtigsten die arvernensiszeitlichen Leitformen *Anancus arvernensis* und *Tapirus arvernensis*, sodann der Hundsaffe *Macaca*. Sie finden sich zusammen mit *Elephas meridionalis* und *Elephas planifrons*, Etruskischem Nashorn, Bär, Pferden, Hirschen, Rind, Hyäne, Löwe, Marder, Insektenfressern, Bibern, Schwein, Hase, Eichhörnchen, Wühlmäusen, Mäusen, Schlafmaus, Stachelschwein. In Sedimenten nahe der niederländischen Nordseeküste sind dann Wal und Walroß zusammen mit eingeschwemmten Knochen und Zähnen von Mastodonten, Pferden und Elefanten nachgewiesen.

Literatur: BRUNNACKER & BOENIGK 1983; DOPPERT et al. 1975; LETSCH & SISSINGH 1983; SEMMEL 1983; WOLDSTEDT 1958; ZAGWIJN 1974, 1979.

Die Arvernensisdonau

Die Hinwendung der Aare zum Sundgau und Mittelmeer bedeutet für die Donau den Verlust jenes starken Quellflusses, der die Anlage der wuchtigen Talung von Blumberg (Abb. 11) schuf. Nunmehr ist ein vom Feldberg im Schwarzwald kommender, relativ kleiner ehemaliger Nebenfluß der Anfang. Demgemäß sprechen wir ab Arvernensiszeit von der Feldbergdonau. Durch das Blumberger Tal, das aber zu dieser Zeit noch nicht so tief eingeschnitten liegt wie heute, fließen die Wasser aus einem Einzugsgebiet von 50 Kilometern – vorher war es sechsmal so groß. Eine Urbrenz (Abb. 24) hinterläßt auf der Hochfläche des Buigen (bei Herbrechtingen) die Schotter der sogenannten Königstuhl-Stufe.

Die nächsten flußgeschichtlichen Dokumente kommen aus dem Treuchtlinger Gebiet (Abb. 4). Sorgfältige Untersuchungen zeigen dort 110 bis 160 Meter über den heutigen Talböden die Hochflächenschotter auf. Jenseits von Dollnstein (Abb. 38) verkünden einige alpine Gerölle, gemeinsam mit vielen fränkischen Lyditen, den Zusammenfluß einer Urdonau mit von Norden kommenden Zubringern und zugleich den starken, in weiten Schwingungen angelegten Ansatz der Altmühldonau.

Die meisten und besten Hinterlassenschaften der Arvernensis-Altmühldonau registrieren wir über dem Schulerloch, ein paar Kilometer vor Kelheim (Abb. 31). 120 bis 130 Meter über der Altmühl und anderthalb Kilometer nördlich der Talmitte (Abb. 26) sind auf einer quadratkilometergroßen Verebnungsfläche die bis zu zehn Meter mächtigen Hochflächenschotter geschlossen verbreitet. Die Gerölle schwimmen in gelblichen bis rötlichen Sanden und Lehmen. Sie sind das petrographisch sowie morphometrisch am gründlichsten untersuchte Arvernensisdokument. Im Vergleich mit den Treuchtlinger Äquivalenten ist der Anteil alpiner Komponenten höher. Er hat sich auf ein Verhältnis von eins zu eins zu dem der fränkischen eingestellt. Im einzelnen handelt es sich um (BINDER 1983):

45 % Gangquarze – bis zu 6,9 cm
14 % Kieselschiefer (vermutlich aus der Hellen Kieselschieferserie des Thüringer Waldes) – bis
zu 9 cm
12 % Sandsteine (überwiegend fränkischer Doggersandstein) – bis zu 6,1 cm
10 % Malmkalke (überwiegend Massenkalk-Lokalkomponenten) – bis zu 5 cm
5 % Alemonite – bis zu 10 cm
5 % Radiolarit – bis zu 5,9 cm
3 % Hornsteine (fränkischer Malm oder Keuper) – bis zu 6,5 cm
2 % Lydite (schwarze Kieselschiefer des Thüringer Waldes) – bis zu 4 cm
2 % Feinbrekzien und Grobsandsteine des Flysch – bis zu 4,8 cm
1 % Süßwasserkalke und Kalksandsteine aus dem Altmühlalb-Obermiozän – bis zu 6,7 cm
1 % Sonstiges: Kieselschwämme aus der Oberkreide, verkieseltes Holz, diverse verkieselte
Kalke und Sandsteine, Quarzite.

Die alemonitreichen Schotter an der Autobahnzufahrt im Süden von Regensburg, 100 Meter über der Donau, könnten arvernensiszeitliche Relikte sein. Befremdlich wirken nun die stromabwärtigen 70 Kilometer entlang dem Donaurandbruch, weil weder Terrassen noch

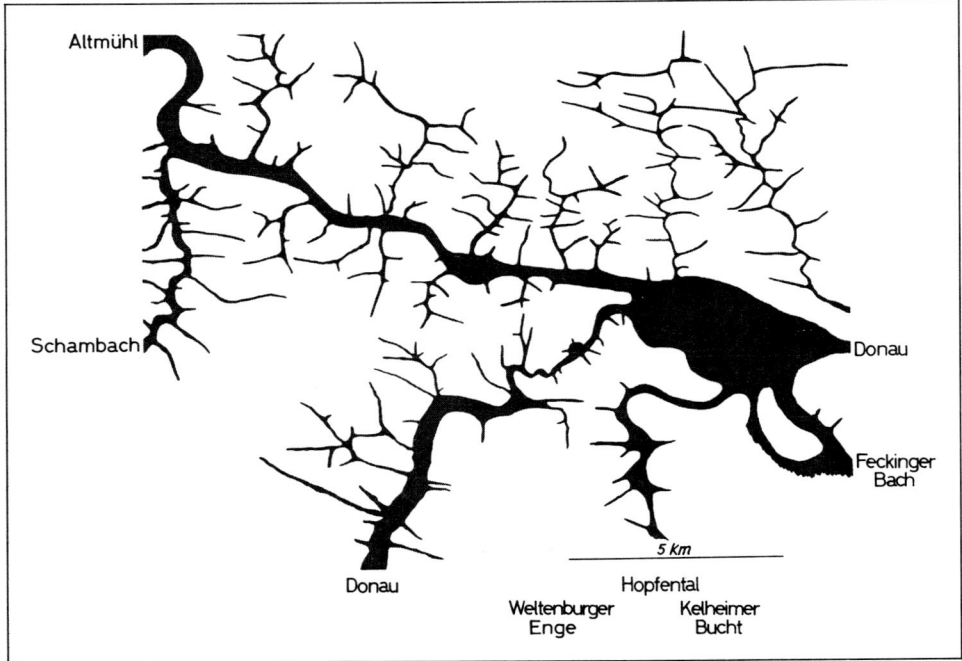

Abb. 26 Die Talräume der Altmühl zwischen Riedenburg und Kelheimer Bucht, des unteren Schambachtales, der Donau unterhalb Neustadt (mit Weltenburger Enge samt Krater Wipfelsfurt) und Feckinger Bach
(als Erinnerung an die Einmußer Schotterschlinge). Das Hopfental ist, wie sämtliche übrigen Nebentäler
und -tälchen, heute trocken. Sie waren aber, insgesamt der Altmühldonau tributär, im Pleistozän bis zum
Riß wasserführend. Man beachte die in vielen Streckenabschnitten der Flüsse sowie in etlichen Nebentälern
übermäßig vertretene 100°-Richtung – ein Eingehen auf die in der Altmühlalb dominante tektonische Linie.

Schotter existieren; auch, daß im heutigen Gewässernetz der Gebiete zwischen Donau und Bayerischem Pfahl Andeutungen alter Flußanlagen fehlen. Bessere Unterlagen aber geben die zahlreichen, in der geologischen Karte als Pliozän bezeichneten Schottervorkommen zwischen Schwanenkirchen, Eging, Rittsteig und Passau. Vermutlich sind zugleich einige der hohen Terrassen im Kristallin beiderseits der Obernzeller Engtalstrecke angelegt worden. Sie können höhenmäßig mit Terrassenniveaus von Perg bei Linz verknüpft werden – die ihrerseits mit den fossilführenden Schotterterrassen im Tullner Becken übereinstimmen.

Die hochgelegenen Schotter Österreichs sind wichtige Indikatoren zur Feststellung des Einzugsgebietes der Donau, das weitgehend mit dem heutigen identisch ist. Allerdings gibt es noch kein Donautal; vielmehr mäandriert der Strom in weitausholenden Schwingungen, überwiegend ein wenig nördlich der heutigen Flußbahn. Bei Melk und Krems sind zwei in über 300 m NN Höhe gelegene Terrassenrelikte deshalb arvernensiszeitlich, weil sie in der Höhenlage mit den Schottervorkommen von Stranzendorf im Tullner Becken (280 m NN) korrespondieren, in denen neben dem Extremitätenknochen eines primitiven Equus eine ergiebige zeitgemäße Kleinsäugerfauna gefunden wurde. Schließlich enthält die äquivalente Laaerbergterrasse Wiens *Mammut borsoni*. Und auf einem etwas tieferen Niveau liefern die Schotterakkumulationen der Höbersdorfer Terrasse mit der Lokalität Senning (nördlich Stockerau) nicht minder solide paläontologische Arvernensis-Daten. Es sind *Dicerorhinus etruscus* und *Anancus arvernensis* nachgewiesen.

Das Wiener Becken wird von einem breiten Strom erreicht, mit einer Wassermenge weit über der gegenwärtigen. Dort hatten Verlandungsprozesse eine neue Landschaft, eine Savanne hervorgerufen. Es wimmelt von Hyänen, Giraffen und Gazellen. Pflanzen und Landschnecken künden von der klimatischen Isolierung eines kontinentalen Beckens. Es gibt keine Hinweise auf jahreszeitlich bedingte Klimaänderungen, geschweige winterliche Frostperioden.

Literatur: BINDER 1983, 1984; FINK & PIFFL 1976; FUCHS 1980; GEYER & GWINNER 1979; LUEGER 1978; RABEDER 1976; TILLMANNS 1977, 1980; WAGNER 1961; ZAPFE 1969.

Entwässert Hohenlohe in Rhein oder Donau?

An der unteren Enz und über dem Neckar zwischen Besigheim und Bad Friedrichshall beobachten wir auf bis zu sechs Kilometer breiten Terrassen, meist 100 Meter über den heutigen Talböden, die in der Regel kopfgroßen oder größeren Höhenschotter-Gerölle sowie zentnerschwere Blöcke aus quarzitischem Buntsandstein. Überwiegend sind sie sekundär separiert worden; es gibt aber auch Stellen, an denen sie zwischen Kiesen und Sanden eingebettet sind. Fast immer sind sie gebleicht und von Eisen-Mangan-Rinden umgeben, so daß es nicht möglich ist, das Liefergebiet (Schwarzwald? Odenwald?) zu erkennen. Daneben kommen, örtlich massiert, maximal faustgroße, kantige Hornsteine aus dem Mittleren Muschelkalk, Quarze und Quarzite, Keuper-, Rhät- und Jurasandsteine, Keuper-Kieselhölzer, eigentümliche Quarzite aus dem oberen Malm (zum Teil auch mit bestimmbaren Fossilien), quarzitische Kieselkonkretionen und Undefinierbares vor. Die für die Schwäbische Alb typischen Feuersteine fehlen.

Diese Komponenten liegen auf Lettenkeuper oder Muschelkalk, sind oft von Löß überdeckt und haben im Zuge der pleistozänen rhenanischen Eintiefungen mannigfache Umlagerungen erfahren. Einigermaßen ungestörte Verhältnisse liegen nur auf dem Lug bei Illingen, an den Schmiechbergen und am Sender Mühlacker vor. Fossilien sind nicht registriert. Zusätzlich haben junge und jüngste tektonische, auch salzbedingte Regungen im Kraichgau und um Heilbronn später die Lagerung derart verstellt, daß – bei fehlender regionaler Gerölldifferenzierung – die Fließrichtung nicht abzuleiten ist. In der reichhaltigen Literatur fehlen deshalb klare Stellungnahmen zur Frage nach den zuständigen Vorflutern. Es kommen Rhein oder Donau in Frage. Einhelligkeit besteht darüber, daß die Ansammlungen von tektonischen Muldenbildungen gesteuert wurden. Als Liefergebiet wird manchmal der Schwarzwald angedeutet (für die Enzregion unterstreicht dies das Fehlen von Rhät- und Juramaterial); allerdings bereiten die Geröllgrößen und deren einheitliche Verteilung, mehr noch das Fehlen jeglicher Anzeichen einer Schüttungswurzel, Probleme. Auch ist allerorten von einer ehedem weit höheren, wiederum gleichmäßig verteilten Beteiligung von inzwischen aufgelöstem Muschelkalk auszugehen.

Ausgehend von vereinzelten, aber gleichartigen Buntsandstein-Geröllen am Südrand des Odenwaldes, könnte ein dort beginnender Arvernensisfluß verantwortlich für die Komponenten in der streng Nord-Süd gerichteten Talung Neckarsulm-Besigheim sein und ein Nebenfluß Zubringer für die Höhenschotter aus dem Nordschwarzwald im Enztal. Den Schlußpunkt der Betrachtung liefern hierzu die hochgelegenen Trias- und Buntsandsteingerölle oberhalb von Plochingen. Doch denken wir auch an das schon klassisch gewordene einzige Buntsandsteingeröll auf dem Österberg bei Tübingen.

Der Albrand nahm in der Arvernensiszeit noch nicht die gegenwärtige Position ein, weshalb das heutige Neckartal zwischen Horb und Plochingen keine alte Anlage sein kann. Dann aber kommen als Unterlauf des Arvernensisneckars am ehesten das umgedrehte Filstal von Plochingen bis Geislingen, dann das Trockental bis zur europäischen Wasserscheide am Bahnhof Amstetten, schließlich das Tal der Lonequelle in Betracht. Arvernensistypisch verlaufen die Richtungen der meisten Täler oder Talabschnitte vor und in der Westalb; so im Heuberggebiet das geköpfte Mühlbachtal bei Deilingen, mit dem bei Gosheim ebenfalls geköpften Tal der unteren Bära, wie auch, ausgewiesen durch Kniebisgranit-Gerölle auf den Höhen bei Aldingen, der durch die Wasserscheide Rhein/Donau bei Spaichingen heute getrennte und herunterprojizierte Talzug Prim-Faulenbach.

Literatur: BACHMANN & GWINNER 1971; BLÜMEL 1983; LINCK 1960; WAGNER 1961.

Die Arvernensisströme – Nebenflüsse der Arvernensisdonau

Das Bild von der arvernensiszeitlichen Geographie Süddeutschlands ist erst in den vergangenen 15 Jahren konzipiert worden. Es wird mit Hilfe verhältnismäßig vieler neuer Gelände- und Fossilbefunde, vor allem in der mainfränkischen Region, gezeichnet. In der Geschichte von Rhein, Main und Donau ist es ein vorzüglich abgesicherter Abschnitt. Im Zusammenhang mit den letzten stärkeren vulkanischen Förderungen beginnt Ende Altpliozän die endgültige Heraushebung von Odenwald, Spessart, Rhön, Thüringer Wald, Frankenwald und Fichtelgebirge. Sogleich werden die obersten Schichten und Gesteine abgetragen und über breit einschneidende Flüsse (Abb. 14), dem seit Dogger bestehenden allgemeinen Gefälle folgend, nach Süden zur Donau transportiert.

Der Klingenberger Strom kommt aus dem Norden

In der Geschichte von Rhein, Main und Donau gibt es nur wenige Situationen von der Brisanz, wie sie im westlichen Mainviereck in soliden geologischen Zeugnissen ausgewiesen werden. Zuerst lagern sich im Mündungsgebiet des Nebenflusses eines Miltenberger Stromes mächtige Tone ab. Diese werden dann innerhalb der Arvernensiszeit in einem extrem schmalen Graben tektonisch versenkt. Das anschließend darüber folgende Fließgewässer nutzt die Nord-Süd-Richtung der Grabenstruktur, legt ein breites Tal an und lagert auf dessen Sohle Sande und Kiese ab. Anschließend, offenbar zugleich mit der Entstehung des Mainlaufes, wird die Region ein zweites Mal von komplizierten tektonischen Bewegungen erfaßt. Vom Klingenberger Strom kommen also wertvolle Hinweise nicht nur zur Flußgeschichte, sondern auch zur Datierung tektonischer Vorgänge während und unmittelbar nach der Arvernensiszeit.

Den Miltenberger Strom rekonstruieren wir hypothetisch mit dem Quellgebiet im mittelhessischen Wölfersheim und mit dem Mittellauf über dem heutigen Maintal auf der Strecke Aschaffenburg–Miltenberg (Abb. 22). Auf der Höhe von Klingenberg mündet der von Norden kommende Nebenfluß ein. Zur Beurteilung stehen zum einen die Tone, zum andern ein Stück Tal mitsamt den Relikten der Sedimentfüllung zur Verfügung. Den Klingenberger Ton, bevorzugter Rohstoff für die Nürnberger Bleistiftminen, bildet die Ablagerung eines Altwasserbezirkes. An zwei Stellen wird er unter Tage abgebaut. Das Klingenberger Vorkommen finden wir am Maintalhang oberhalb der Stadt in Höhenlagen von 180 bis zu 200 m NN Höhe, das Schippacher südlich des Ortes unter dem Talboden; die Sohle soll unter das Niveau des Mains reichen. Beide Lagerstätten sind der Inhalt eines höchstens 300 Meter breiten, kompliziert gebauten tektonischen Grabens im Buntsandstein. Über Lagerung und Lithologie ist wenig bekannt; die Tone sind, mit Ausnahme eines pollenanalytischen Befundes aus einem Braunkohlenflözchen (»Jungpliozän«), noch nicht eingehender bearbeitet.

Das Arvernensistal zwischen Schippach und Mechenhardt ist 400 bis 500 Meter breit und fast drei Kilometer lang, der Talboden liegt in rund 200 m NN Höhe, etwa 70 Meter über dem Main. Heute neigt es sich entgegen der arvernensiszeitlichen Fließrichtung nach Norden – der Lerchenbach fließt vom Main weg in Richtung Schippach. Zum Main hin wird der alte Talzug vom Querriegel des Hohberges (311 m NN) abgeschlossen. Die Sande und Kiese liegen auf Buntsandstein, halbwegs zwischen Schippach und Mechenhardt, inmitten der Talsohle. Bis 1984 waren sie in mehreren großen Gruben aufgeschlossen (Abb. 13); 1985 wurden sie massiv eingezäunt und sind als Areal der Landkreis-Klärschlammdeponie nicht mehr erreichbar. Doch im Hügelgelände daneben lassen sich noch immer Gerölle sammeln. Die Gerölle sind in Schnüren und dünnen Linsen den weitaus überwiegenden, bis zehn Meter mächtigen, fahl gelbgrauen Sanden eingelagert. Die Masse liegt in den Größenklassen zwischen Kies und Graupen. Die größten Komponenten erreichen Hühnereiformat. Es gibt keine gesteinsabhängigen Größensortierungen. Neben diesen – für Arvernensissedimente unüblichen – Größen fällt die außerordentlich vollendete Zurundung fast aller Komponenten auf. Nur Karneol und Muschelkalkhornstein sind, poliert und kantengerundet, eckig – dabei meist von winzigem Format.

Die Gerölle setzen sich wie folgt zusammen:
40 % Buntsandstein – gebleichte quarzitische Sandsteine mit starker Verwitterungsrinde;
    Karneole – bis zu 4 cm

30 % Muschelkalk – Schillkalke des Hauptmuschelkalks; buchene Kalke (mit Rinde); Gelb-
kalke des Mittleren Muschelkalks; Hornsteinsplitter spärlich – bis zu 4 cm

8 % Metamorphite und Gangquarze – Grünschiefer; geäderte Grauwacken – bis zu 3 cm

7 % Kieselschiefer – schwarze Kieselschiefer aus dem Thüringer Wald – bis zu 4 cm

6 % Paläozoische Vulkanite – Diabas, geäderter Diabastuff; beide aus dem Paläozoikum des
Thüringer Waldes – bis zu 3 cm

3 % Basalt – mit starker Verwitterungsrinde – bis zu 2 cm

2 % Verkieselter Malmkalk – bis zu 6 cm

1 % Quarzporphyr – aus dem Spessartrevier Obersailauf – bis zu 4 cm

3 % unbestimmbare Tonschiefer, Sandsteine, Quarzite, Arkosen, Kieselknauer und
-schwarten.

Dieses Spektrum liefert zwei für die Interpretation der arvernensiszeitlichen Landschaftsgeschichte Hessens und Unterfrankens wichtige Beiträge:
– der Fluß kam aus Mittelhessen und richtete sich nach Süden zur Feldbergdonau;
– im Spessartgebiet waren Muschelkalk und Malm in einer inzwischen abgetragenen Sedimentdecke verbreitet.

Den Nord-Süd-Transport bestätigen der Spessartporphyr (es gibt keine andere Bezugs-
quelle), die Metamorphite und der Basalt, der, vor allem wegen der Geröllgrößen, wahrscheinlich vom Vogelsberg, kaum von den zu nahen Untermainvulkaniten kommt. Kieselschiefer und
Diabasmaterial, beide aus dem Thüringer Wald, und der Kieselmalm sind wohl aus alten
Schotteransammlungen übernommen worden. Dies mag auch – wegen der vollendeten
Abrollung und der geringen Durchmesser – für die allermeisten Buntsandsteinkomponenten
gelten. Heute steht der nächste Muschelkalk, einer der Geröll-Hauptlieferanten, im Norden in
65 Kilometern Entfernung im Umland von Schlüchtern an; zum nächsten im Osten bei
Würzburg sind es 50 Kilometer. Demgemäß ist davon auszugehen, daß der Muschelkalk ein
mehr oder weniger umgelagertes Relikt von ortsständigen, den Spessart bedeckenden, in der
Kreide und dem Tertiär zerfallenen Schichtverbänden ist. Dabei ist die Überlieferung von
Kalkgestein die Besonderheit und der größte Unterschied zur Fracht aller übrigen Arvernensisströme.

Literatur: BACKHAUS & STOLBA 1967.

Wernfelder Fluß und Ostheimer Nebenfluß bilden die Uraltmühl

Die Dokumentation in Mainfranken und Rhön erlaubt uns, den Wernfelder Fluß als Oberlauf
der Uraltmühl zu rekonstruieren. Oberhalb Wernfeld (Abb. 16) sind – wie in Mainfranken
üblich: 100 Meter über dem Main – in einem breiten Taltorso nicht nur Gerölle, sondern auch
Linsen von Tonen und Altwassersedimenten überliefert. Im Geröllspektrum dominiert Buntsandstein. Manche Varietäten können nur von Norden aus der Gegend von Bad Brückenau
kommen. Charakteristische Komponente ist auch verkieseltes Holz aus inzwischen längst
abgetragenen Keuperschichten. Auch Alemonite und Achat sind zu finden.

In Richtung Ochsenfurt beschränkt sich der Nachweis der Uraltmühl auf mehrere Restschottervorkommen am Saum der Schultern des Maintals (Abb. 15). Demnach ist im Maintal zwischen Gemünden und Ochsenfurt ein erst später hinabgeschnittener, arvernensiszeitlich angelegter Talverlauf zu sehen. Zwanglos ist dann das Sinntal als die nordwestwärtige Verlängerung in Richtung Quellgebiet zu erkennen. In diesen Uraltmühl-Oberlauf mündet 100 Meter über dem heutigen Main, am Knie Marktbreit-Ochsenfurt, der Ostheimer Nebenfluß. Er entspringt im Hinterland von Eisenach – ist damit länger als die Feldbergdonau. Ein östlicher Quellast folgt gegenläufig der heutigen Werra bis Meiningen. Dort ist er bei Sülzfeld in den Mastodontenschottern (mit *Mammut borsoni*, *Anancus arvernensis* und *Dicerorhinus*) nachgewiesen. Wenige Kilometer weiter folgt Ostheim vor der Rhön mit – ausgenommen das Nashorn – den gleichen Fossilien und zusätzlich dem *Tapirus arvernensis* (Abb. 18).

Ein anderer Zustrom dürfte gegenläufig, über dem Tal der heutigen Felda in der thüringischen Rhön, in Richtung Fladungen und Streutal erfolgt sein. In einer Dolinenfüllung bei Kaltensundheim sind neben *Mammut borsoni* ein Hase *Hypolagus*, der primitive Hirsch *Metacervoceros* und viele Pollen (mit spätestpliozänem Alter) nachgewiesen. Im Umland von Ostheim, im Zentrum eines größeren Salzablaugungsgebietes, mögen sich die beiden Quelläste vereinigt haben. Die Fortsetzung bestätigen die mächtigen Arvernensisschotter von Wollbach (Abb. 17). In einer der zwischengelagerten Tonlinsen wurde jüngst eine vorzüglich überlieferte Flora aus Früchten, Samen und Blättern entdeckt. 400 Objekte sind geborgen worden; sie zeigen die Elemente einer Auwaldgesellschaft: Kiefer, Kadsurabaum, Guttaperchabaum, Eisenholz, Eßkastanie, Lucombe-Eiche, Erle, Hainbuche, Ulme, Kaukasus-Zelkove, Keakibaum, Zürgelbaum *Celtis begonioides* (Abb. 19), Hickorynuß, Nußbaum, Flügelnuß, Apfelbaum, Roßkastanie, Ahorn, Buchsbaum und Pappel.

Im Gebiet um Bad Neustadt, bereits innerhalb des Wellenkalks, kommen bei größeren Erdbewegungen immer wieder neue Buntsandstein-Arvernensisschotter zum Vorschein. Sie ergänzen das Bild der altbekannten Lokalitäten und zeigen erneut an, daß Salzablaugungsgebiete die Geröllzufuhren verstärkt abgefangen haben. Naturgemäß liegen sie hier ein wenig tiefer als in der südlichen Fortsetzung. Doch mit dem Erreichen der Schweinfurter Rhön, nachher beiderseits des Maintales, liegen sie wieder regelmäßig 100 Meter über Main. Die neuen geologischen Kartierungen im Hofheimer Winkel und vor Haßfurt machen überdies wahrscheinlich, daß der Hauptstrom einen großen Bogen um die Schweinfurter Rhön schlug, denn es finden sich dort zahlreiche sehr große (bis zu 50 Zentimeter Durchmesser) Gerölle aus einem Alemonit, der auch Kieselschiefer enthält, neben übergroßen Stücken aus Keuper-Kieselholz sowie Gangquarz. Gute Dokumentation verzeichnen dann die Lokalitäten Marktbreit, Obernbreit (Abb. 15) und, unter Löß, das Uffenheimer Gäu. Hier sind jedoch die Gerölle kleiner, höchstens faustgroß.

Auf Schotterrelikte stoßen wir schließlich bei Bad Windsheim und im Dreieck Ansbach-Treuchtlingen-Roth; hier vereinigten sich die Wasser der Uraltmühl mit denen das Urmains. Das Geröllspektrum ändert sich nicht wesentlich; es umfaßt weiterhin Lydite und Gangquarze aus dem thüringischen Paläozoikum, Hornsteine aus dem Muschelkalk, Alemonite, Keuper-, Lias- und Doggersandsteine. Die Einzugsgebiete sind nicht zu unterscheiden, ein dominierender Strom nicht auszumachen. Es hat sich eingebürgert, die Schotter im Areal des ehemaligen Rezat-Altmühl-Stausees als Urmainschotter zu bezeichnen.

Literatur: Kahlke, Eissmann & Wiegank 1984; Kelber 1980.

Stammen die Hessenreuther Schotter aus der Arvernensiszeit?

Die Urmain-Achse Itz-Regnitz-Rednitz mit dem Ziel Treuchtlingen ist die markanteste Flußstruktur Frankens. Eindrucksvoll ist auch die – vom gegenwärtigen System aus gesehen – widersinnige Laufrichtung der Rauhen Ebrach. Im Vergleich mit den unterfränkischen Verhältnissen fehlen allerdings petrographische wie auch paläontologische Markierungen. In der Nördlichen Frankenalb und in der Oberpfalz haben auch später örtlich beachtliche tektonische Bewegungen stattgefunden, die nicht nur für Verstellungen, sondern auch für Ausräumungen gesorgt haben. Wegen der bezeichnenden Laufrichtung dürften die Talabschnitte folgender Gewässer als Erinnerung an arvernensiszeitliche Flußsysteme (vielleicht auch an die noch älteren der Fränkischen Südostentwässerung) gelten: Trebgast, Roter Main, Pegnitz-Oberlauf, Aufseß, Wiesent-Oberlauf bis Behringersmühle, Kainach, Schwarzach, Sulz, Schwarze Laaber (Abb. 24), auch Vils und Naab mit allen Nebenflüssen.

Erst vor kurzem wurden die ersten frühen Zeugnisse zur Flußgeschichte der Wiesent- und Obermainalb in der Umgebung von Drosendorf (westlich Hollfeld) bekanntgemacht. Es handelt sich um Streuschotter aus Quarz und Kieselschiefer, die sich recht zahlreich auf zwei Terrassenflächen im Bereich der heutigen oberen Wiesent und Aufseß finden und einem zur frühen Donau gerichteten Flußsystem Moenodanuvius zugeschrieben werden. Anschließend, nach der ältestpleistozänen Geburt des Mains, haben sich die Fließgewässer auf den Obermain eingestellt, dabei die merkwürdigen Knicke und Verbindungen angelegt, in der Wiesentalb die prächtigen felsgesäumten Täler in die Malmkalke geschnitten und außerdem in der Obermainalb großräumig flächig abgetragen.

Das riesige Waldgebiet des Hessenreuther Forstes (fünf auf zwölf Kilometer) vor der Fränkischen Linie zwischen Erbendorf und Pressath besteht in über 150 Meter Mächtigkeit aus einem haufigen Komplex, womöglich einem gewaltigen Schwemmkegel fluviatiler Schüttungen, in denen ganz besonders die sehr großen und zugleich stets vollendet gerundeten Gerölle aus verschiedenen paläozoischen Gesteinen der östlich benachbarten Fichtelgebirgszone und des Oberpfälzer Waldes auffallen: Es sind die größten Flußgerölle, die in Bayern nördlich der Alpenregion anzutreffen sind; Durchmesser von 70 Zentimetern sind keine Seltenheit. Die Altersstellung dieser Hessenreuther (gelegentlich auch Albenreuther) Schotter ist seit Jahrzehnten heftig umstritten. In der Literatur finden wir sogar eine »Synopsis der stratigraphisch-tektonischen Differenzen für den Hessenreuther Forst« (LEITZ & SCHRÖDER 1985). Das Problem ist, daß die in Tonlinsen bei Friedersreuth und Albenreuth vorkommenden Pflanzenrelikte entweder als kreidezeitlich oder als jungtertiär beurteilt werden. Gegen die Kreide sprechen die Geröllkaliber und -formen. Die paläogeographische Situation am Rande der Oberpfälzer Kreidebucht verunmöglichte das dafür erforderliche starke Gefälle.

Hingegen steht der Annahme eines aus der Region zwischen Waldsassen-Tillenberg-Bärnau-Wiesau kommenden, zur Urnaab gerichteten jungtertiären Gewässers nichts entgegen. Wahrscheinlich sind die basalen Partien Zeugen der Fränkischen Südostentwässerung, denn in einigen nahen vulkanischen Förderzonen sind Hessenreuther Schotter als Einschlüsse bekannt. Die Hauptmasse der Gerölle dürfte dann während der Arvernensiszeit geschüttet worden sein. Anschließend wurde der Komplex tektonisch gehoben. Die höchsten Lagen des Hessenreuther Forstes überragen nämlich das östlich angrenzende Grundgebirge des Oberpfälzer Waldes.

Literatur: HUCKENHOLZ & SCHRÖDER 1985; LEITZ & SCHRÖDER 1985; SCHIRMER 1985.

8. Ältestpleistozän

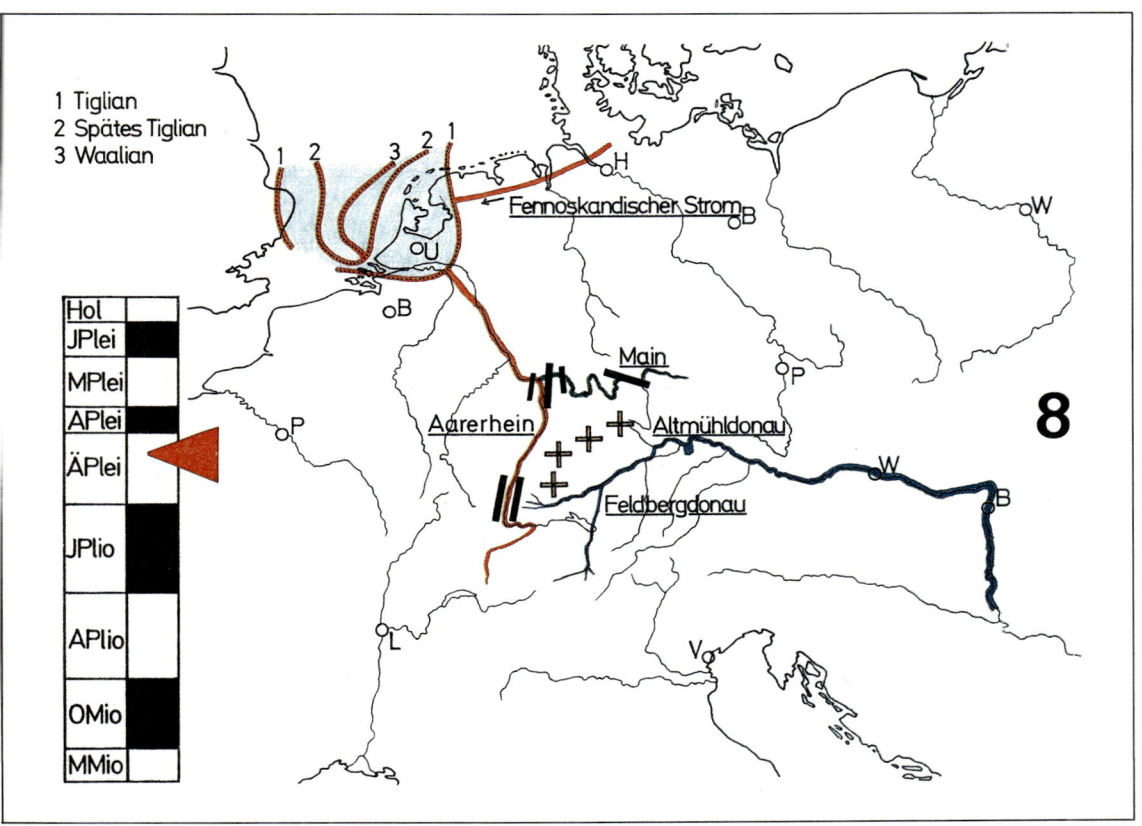

1 Tiglian
2 Spätes Tiglian
3 Waalian

Fennoskandischer Strom

Main

Aarerhein

Altmühldonau

Feldbergdonau

Hol	
JPlei	
MPlei	
APlei	
ÄPlei	
JPlio	
APlio	
OMio	
MMio	

8

Aarerhein und Urrhein verbinden sich – In den Niederlanden mündet ein fennoskandischer Strom – Der Main entsteht – Sofort Taleintiefung – Terrassentreppe der Altmühldonau – Sonderbare Einmußer Schlinge

Die Eigenart des Ältestpleistozäns

Umfassende tektonische Bewegungen verändern zweimal erheblich die Flußkarte Mitteleuropas:

- Innerhalb der Arvernensiszeit, zu Beginn der Formation Quartär, bricht die Kaiserstuhlwasserscheide zusammen. Der Aare-Sundgaustrom wendet sich bei Basel nach Norden in den Rheintalgraben. Noch fließen die Arvernensisströme Thüringens und Frankens nach Süden zur Feldbergdonau.
- Zwischen Schwarzwald und Mittelfranken hebt sich etwa Mitte Ältestpleistozän weiträumig das Land. Damit verliert die Feldbergdonau viele nördliche Zubringer.
- Gleichzeitig verbinden sich im Gefolge tektonischer Absenkungen im Rhein-Main-Gebiet mehrere Teilstücke von Arvernensisströmen und zeugen so den Main, das Maindreieck und das Mainviereck.
- Zwischen Bamberg und Haßfurt wird die Keuperstufe durchbrochen und der Obermain angeschlossen.
- Main und Donau schneiden im Mittel- und Unterlauf, vom arvernensiszeitlichen Talbodenniveau ausgehend und unter Bildung von Terrassentreppen, tiefe und breite Täler ein.
- Die Schotterdokumentation ist vergleichsweise spärlich. Fossilien sind sehr selten. Die meisten Befunde liefert die Geomorphologie.

Der Aarerhein macht sich erst spät bemerkbar

Im weiteren Oberrheingebiet erfassen tektonische Regungen den Faltenjura und heben ihn endgültig heraus. Dabei wird die vorgelagerte Platte der Sundgauschotter eingewalmt, in der Ajoie bis zu 100 Metern gehoben. Damit wird dem Aare-Sundgaustrom der Weg zum Mittelmeer versperrt; seine Wasser wenden sich ab Basel Richtung Norden und fließen in den Rheintalgraben-Bereich, vorbei am Kaiserstuhl, der als Pfeiler beim Zusammenbruch der Wasserscheide stehengeblieben war. Zwischen Schlettstadt und Lahr stößt er auf den Urrhein und geht in dessen Regime ein. Die stromab folgenden Hinterlassenschaften des Aarerheins sind im Kapitel Arvernensiszeit (S. 59 ff.) vorgestellt.

Zwischen dem Mainzer Becken und den Niederlanden ist das jüngere Ältestpleistozän (die Zeit nach der Arvernensiszeit; die Zeit, in der sich Main und Neckar eintiefen) weder in Terrassen noch Schottern zu finden. Auf die Frage, wo und wie die ungeheuerlichen Gesteinsmassen, die Main und Neckar während der ältestpleistozänen Taleintiefung ausgeschürft hatten, über das Mainzer Becken hinweg zum Niederrhein gelangt sein mögen, bleibt die Antwort offen. Jetzt überschüttet der Aarerhein mit der Formation von Kedichem das Tegelen (Tab. 1) bzw. die Maassluis-Formation (Abb. 25) mit bis 100 Meter mächtigen Feinsandserien sowie Ton- und Torflagen. Über zwischengelagerte Grobsandstränge läßt sich der Laufstrich eines Bunnik-Rijn erkennen.

Im stratigraphischen Bereich des Übergangs vom Ältest- zum Altpleistozän gehen dann die Ablagerungen in die lithologisch recht ähnliche Formation von Sterksel ein. Neben Pollen und Kleinsäugern ist das Etruskische Nashorn nachgewiesen. Die Bildungen liegen heute zumeist unter dem Meeresspiegel. Indessen schüttet der Fennoskandische Strom, sich mit den Ablagerungen des Aarerheins verzahnend, die Formationen von Hardewijk und Enschede auf.

Literatur: DOPPERT et al. 1975; KAISER 1961; WOLDSTEDT 1958; ZAGWIJN 1974, 1979.

Sofort nach Geburt des Mains enorme Taleintiefung

Parallel und nördlich der Donau, ungefähr auf der Linie Stuttgart–Nürnberg, wölbt sich der Scheitel einer langen Hebungszone empor und beendet die Südostentwässerung. Zugleich sinkt die Untermainniederung mit dem Rhein-Main-Gebiet ab. Zusammen mit dem Aarerhein bei Wiesbaden/Mainz wird sie Erosionsbasis für alle Gewässer, die sich zwischen der Hebungsachse im Süden einerseits, Spessart, Vogelsberg, Rhön und Thüringer Wald andererseits sammeln. Man kann sich nun vorstellen, daß von Hanau ausgehend eine Kinzig rückschreitend den Nordspessart und das westliche Rhönvorland erreicht. Doch wie das Tal des Miltenberger Stroms der Arvernensiszeit zwischen Hanau und Miltenberg angezapft und umgedreht wurde, wie von Miltenberg aus in rückschreitender Erosion die Winkel des Mainvierecks hergestellt werden, das ist mangels geologischer Vorgaben nicht zu erklären; leider, denn es ist eine sich sehr häufig stellende Frage.

Hingegen gibt es kaum Zweifel, daß im Maindreieck der Schenkel Gemünden-Ochsenfurt ein Stück umgedrehter Wernfelder Fluß, der Schenkel Schweinfurt-Marktbreit übernommener Ostheimer Nebenfluß sein dürften. Genetisch wiederum nicht zu interpretieren ist auch der Main-Abschnitt von Haßfurt nach Schweinfurt und schon gar nicht das Werntal. Das einzig Gewisse ist, daß durch das voluminöse Flußbett niemals ein Main geflossen ist. Die Streckenführung Bamberg-Zeil-Haßfurt ist allerdings mit einiger Wahrscheinlichkeit als eine ferne Folge tektonischer Impulse erklärt, die einerseits mit der Untergrundstruktur eines nach Nordwesten verlängerten Bayerischen Pfahls, andererseits mit der Kissingen-Haßfurter Störungszone und der Strukturierung der Schweinfurter Rhön zusammenhängen. Unbekannt sind auch die Gründe, welche die in der Arvernensiszeit nach Süden abströmenden Gewässer Oberfrankens nach Westen zwingen, zunächst in den Bamberger Kessel und dann in den Mittelmain. Zum erstenmal gelangen Schotter aus Oberfranken – Leitgerölle sind Rhät- und Liassandsteine – in Main und Rhein.

Der Eintiefungsprozeß – es ist die größte Erosionsleistung des Mains – setzt sowohl im Mittelmainbereich als auch im Spessart, ausweislich der Arvernensisvorkommen, 100 Meter über dem heutigen Main ein und wird noch im Ältestpleistozän auf einem Niveau von nur wenigen Metern über der gegenwärtigen Talsohle abgeschlossen. Bezeichnenderweise lassen sich in den Hochgebieten beiderseits ehemaliger Arvernensistäler gelegentlich Andeutungen von Terrassen registrieren, während sie den Höhen beiderseits der Querverbindungen fehlen. In dieser flußgeschichtlichen Phase werden sämtliche Biegungen und Schlingen (Abb. 47), die Umlaufberge, auch Form und Breite des Maintales angelegt. Dabei werden auf der Strecke zwischen Haßfurt und Aschaffenburg und entsprechend in allen Nebentälern während mehrerer Stillstände in die Talhänge Terrassen geschnitten. Die ältestpleistozänen Terrassen des Maintales enden abrupt mit dem Erreichen der Untermainniederung.

Im Unterschied zu den späteren Erosions- und Schotterterrassen ist für die ältestpleistozänen die gleichmäßig-ebenflächige Lageposition mit keinem oder höchstens geringem Gefälle charakteristisch. Entsprechend werden Andeutungen eines Schwemmkegels im Bereich der Ausmündung bei Aschaffenburg wie auch Staueffekte vor Odenwald und Spessart vermißt. Andererseits gibt es auch keine morphologischen Anzeichen einer aus der Untermainebene heraus eingeleiteten Anzapfung.

Zwischen Haßfurt und Schweinfurt sowie zwischen Dettelbach und Kitzingen fehlt heute dem Maintal jeweils die linke Talflanke. Während der ältestpleistozänen Taleintiefung muß sie aber noch vorhanden gewesen sein, denn noch heute ist auf der rechten Talseite eine mehrstufige ältestpleistozäne Terrassentreppe entwickelt, die einen Gegenhang voraussetzte. Offenbar sind die Gesteinsverbände erosiv entfernt worden, nicht tektonisch abgesenkt, doch haben wir noch keine Erklärungen für die Ursachen wie auch die Abtragungsmechanismen. Hingegen könnte das heutige Fehlen des linken Talhanges am Untermain bei Obernburg am ehesten mit jungen tektonischen Absenkungen in Richtung Rhein-Main-Gebiet in Beziehung gebracht werden (Abb. 22).

Literatur: HOFMANN 1962; KÖRBER 1962.

Auch die Feldbergdonau schneidet sich ein

Unmittelbar nach der Arvernensiszeit wird das Uracher Gebiet auf die heutige Höhe gehoben. Dieselben hohenloheschen und mittelfränkischen Aufwölbungen, welche die Mittelläufe der Arvernensisströme trocken legen, lassen – zwischen weiten Arealen mit stillgelegten Tälern – aus einigen Unterläufen verkürzte Nebenflüsse der Feldbergdonau werden. Wie der Main müssen sie sich nun in der Schwäbischen wie auch der Frankenalb von oben herab in ein vorhandenes, immer wieder viel zu breit angelegtes Tal eintiefen. Da sich die Vorgänge überwiegend in Malmkalken abspielen, entstammen viele Hinweise zur Geschichte dem karsthydrogeologischen und karstmorphologischen Inventar.

Während aber der Main den seinerzeit angelegten Lauf bis in die Gegenwart beibehält, hat die Donau noch mannigfache Verlegungen vor sich.

Zwischen Tuttlingen und Sigmaringen sind in verschiedener Höhenlage die Terrassenreste alter Talabschnitte auszumachen. Flußab sind dann die Anlagen mehrerer später verlassener Ausschweifungen und nordwärtiger Bögen zu erkennen, am schönsten im Kirchener Tal zwischen Obermarchtal und Ehingen, dann im Schmiech-Blautal-Zug von Ehingen über Blaubeuren nach Ulm. Der größte nördliche Zubringer dürfte eine Urbrenz sein (Abb. 24). Aus den Alpen kommen sicherlich die Vorläufer der heutigen Flüsse; doch ist es mangels Dokumentation nicht möglich, über Vermutungen hinauszugehen. Die besten Unterlagen zur Beurteilung der ältestpleistozänen Taleintiefung gibt die hohe Altmühldonau: Zwischen Rennertshofen und Dollnstein beobachtet man unter den arvernensiszeitlichen Hochflächenschottern Terrassenreste mit den Hochschottern. Es sind Erinnerungen an einen Talboden mit einer deutlichen Beziehung zu dem gegenwärtigen Tal. Der Altmühl-Zubringer wiederum hat zwischen Treuchtlingen und Dollnstein rund 100 Meter über der heutigen Talsohle ebenfalls einige Spuren hinterlassen.

Diese erste Anlage läßt sich ab Dollstein in einigen weit auseinander liegenden Relikten bis Kelheim verfolgen. Demnach sind alle Talmäander, Schleifen und Bögen (Abb. 14 und 26) im Ältestpleistozän angelegt. Jetzt schneidet der Fluß, mit der Zeit immer deutlicher, mit mehreren

Stillstandsphasen nach unten und erreicht noch im Ältestpleistozän die heutige Talsohle. Die mit dem Fortfall der Arvernensisströme Uraltmühl und Urmain gering gewordene Kraft der Altmühl macht sich im relativ schmalen Talquerschnitt auf der Strecke Treuchtlingen–Pappenheim–Dollnstein bemerkbar (Abb. 14). Erst mit dem Zustrom der Wellheimer Donau wird die Talung breit. 60 bis 90 Meter über Tal werden im Bezirk Wellheim-Dollstein (Abb. 38 und 39) fast ausschließlich alpine Gerölle abgelagert. Dann dominieren bei Dollnstein, auf Niveaus rund 50, 40 bzw. 10 bis 30 Meter über Tal, in den Talschottern die fränkischen. Sie entsprechen weitgehend den im Treuchtlinger Raum aufgearbeiteten Urmain- und Hochflächenschottern.

Die Terrassen der Altmühldonau werden in Stillstandsphasen der Tiefenerosion in die Talflanken gelegt. Zugleich stellen sich der Karstwasserspiegel und damit auch die von den Seiten zulaufenden unterirdischen Gerinne auf deren Höhe ein. Durch Lösung der Malmkalke entstehen dort diverse Höhlen und Hohlraumsysteme; sie können sich im unteren Altmühltal zu Höhlenniveaus verbinden (Abb. 27 und 28).

Die Nebenflüsse der Altmühldonau (Abb. 24) sind im Norden weiterbenutzte, deshalb überbreite Täler der Arvernensisströme. In strenger Abhängigkeit schneiden sie sich nach Vorgabe des Vorfluters ruckweise ein. Bei Riedenburg strömt von Süden, ausgewiesen durch die Überbreite des heutigen Schambachtales, der vermutlich mit einem Vorläufer der Paar zu verbindende Altschambach ein. Weltenburger Nebenfluß und Altabens sind durch einige hochgelegene Talbodenrelikte ebenfalls bereits im Anfangsstadium der ältestpleistozänen Talentwicklung nachgewiesen. Die Schotter der Altabens (Abb. 23) sind weitgehend umgelagerte Molassekiese. Aus den Felsarealen der Massen- und Kelheimer Kalke hervorbrechend, räumen die beiden Flüsse, vereint mit der Altmühldonau, die Plattenkalke der Kelheimer Schüssel zur Kelheimer Bucht aus (Abb. 40).

Literatur: BINDER 1983, 1984; GEYER & GWINNER 1979; KAULICH, NADLER & REISCH 1978; TILLMANNS 1977, 1980; WAGNER 1961.

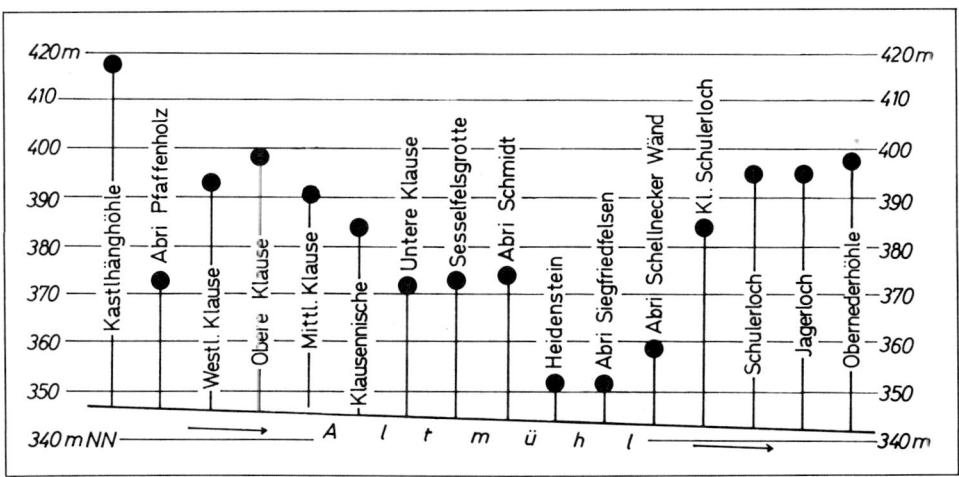

Abb. 27 Die Höhenlage der Höhlen im unteren Altmühltal zwischen Schloß Prunn und Kelheim. – Nach KAULICH, NADLER & REISCH 1978.

Abb. 28 Schnitt durch die verschiedenen Klausenhöhlen am rechten Talhang der Altmühl gegenüber Neuessing. – Nach KAULICH, NADLER & REISCH 1978.

Die absonderliche Einmußer Schlinge

Der Abschluß der Flußstrecke der Altmühldonau bietet in der Kelheimer Bucht eine höchst eigenartige fluviatile Regung. Erst vor einigen Jahren wurde auskartiert, daß – irgendwann während des ältestpleistozänen Eintiefungsvorgangs – im Mündungsgebiet von Weltenburger Nebenfluß und Altabens (Abb. 29) der Strom fast im rechten Winkel nach Süden ausbricht und, vorbei an Einmuß, Großmuß und Herrnwahlthann, zehn Kilometer nach Südosten bis vor die Tore von Langquaid und nach Schneidhart vordringt, um dort in einer Haarnadelschleife umzukehren und, nur drei Kilometer von der Abbiegung entfernt, in die Kelheimer Bucht zurückzukehren. Morphologisch ist die Einmußer Schlinge in alten Uferrändern, Relikten von Gleit- und Prallhängen, Andeutungen von Terrassen, am schönsten aber im heutigen Igelsberg bei Saal, dem idealen Umlaufberg, ausgewiesen. Daneben vermitteln die auf zwei Niveaus (69 und 57 Meter über der Donau) verteilten Schotterfelder interessante Details. Die eigenartigerweise völlig kalkfreien Gerölle setzen sich aus 14 Prozent Alemoniten und einem Rest aus uncharakteristischen Kieselgesteinen zusammen.

Für diese Schlinge gibt es keinen gesteinsbedingten und schwerlich einen fließgesetzlichen Anlaß. Haben die Tone der Süßbrackwassermolasse (Abb. 2) nach Südosten gezogen? Warum reagiert das System nicht auf die beiden einmündenden Nebenflüsse? Vergeblich fragen wir uns auch, warum der Strom nach zehn Kilometern umkehrt und den kürzeren und bequemeren,

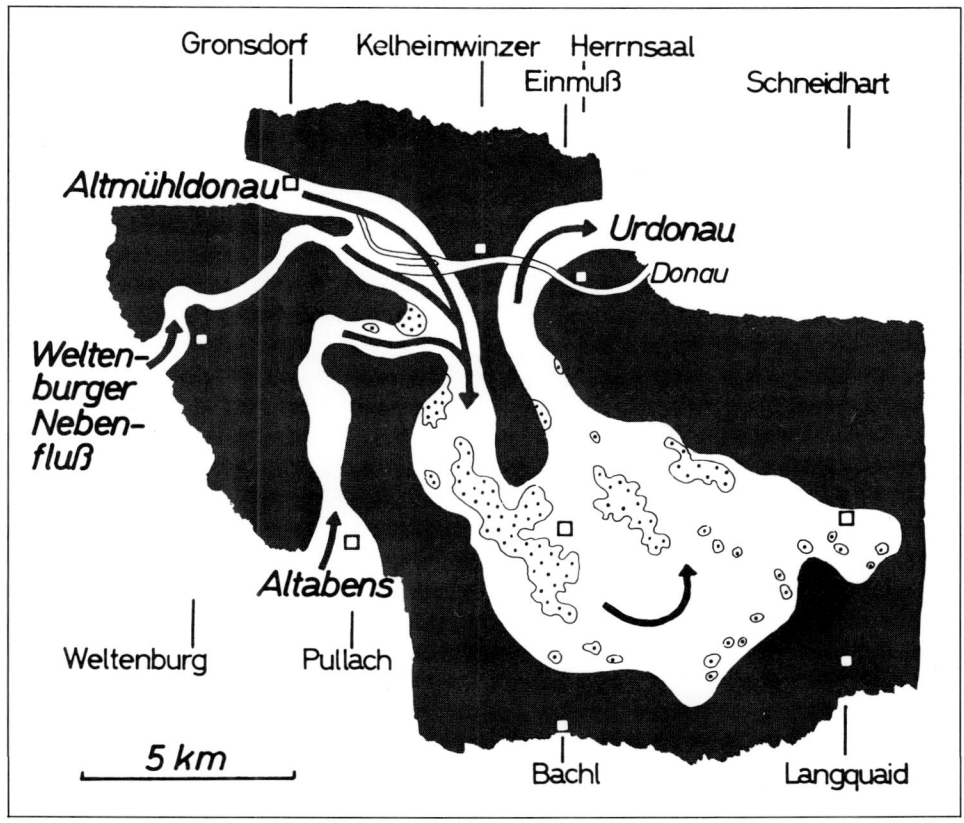

Abb. 29 Die Einmußer Schotterschlinge ist eine besonders eigenwillige und unerklärliche Regung der Urdonau. Sie beginnt in der Kelheimer Bucht dort, wo Weltenburger Nebenfluß und Altabens in die Altmühldonau eingehen. Nach zehn Kilometern Südlauf wendet sich das System in einer Haarnadelschleife und kehrt, nur drei Kilometer vom Eingang entfernt, wieder in die Kelheimer Bucht zurück. Der heutige Igelsberg bei Saal erinnert an einen Umlaufberg. Die reichen Schotter- und Form-Hinterlassenschaften gestatten die solide Rekonstruktion der Laufzustände.

77

weil über weiche Molasse führenden Weg nach Osten über Langquaid nach Mallersdorf und weiter nach Straubing oder Plattling meidet. Sonderbar ist ferner, daß die Sohle der Schlinge mehrere Meter über der der Altabens, dem heutigen Hopfenbachtal, liegt (Abb. 26), die Schlinge also vorzeitig abgebunden war. Ist dieser Höhenunterschied die Antwort auf jene Erosion, die in dem Augenblick eingesetzt haben muß, als bei Aufgabe der Einmußer Schlinge eine Laufverkürzung um mehr als 20 Kilometer erfolgte?

Literatur: WEBER 1978.

Keine Donau-Dokumentation in Österreich

Die letzten ältestpleistozänen Einschneidemechanismen äußern sich im Naabsystem. Immer wieder entdecken wir dort Andeutungen von hohen und Nachweise von treppenförmig eingeschachtelten mittleren Terrassenniveaus. Allen Anzeichen nach war auch die Naab am Ende des Ältestpleistozäns bei Regensburg auf dem heutigen Talboden angelangt. In Österreich hat das Ältestpleistozän offenbar keine Spuren hinterlassen. Das für den Mittellauf kennzeichnende tiefe Einschneiden der Donau entfällt. Die Terrassentreppe hatte dort die arvernensiszeitliche Donau vorweggenommen. 20 Meter unter der einwandfrei arvernensiszeitlichen Terrasse mit der Fossillokalität Senning folgt schon das oberste Deckenschotterniveau – die erste sicher glazigene, mindeleiszeitliche Bildung. Erinnern wir uns, daß zur gleichen Zeit der Aarerhein im Oberrheingebiet nichts aufgezeichnet hat.

Abb. 30 Blick von Sausthal (vorne unten) in der Altmühlalb nach Süden auf die Hammertalstraße und das Altmühltal mit der Bucht von Altessing (Abb. 31). Dahinter der Hienheimer Forst mit der Lichtung Gut Schwaben (rechts). Mit Erreichen des Hienheimer Forstes biegt die aus dem Neustadt-Eininger Raume von Süden entgegenkommende Donau im rechten Winkel zur Weltenburger Enge nach Osten ab. (Aufnahme Rewitzer, freig. Reg. Oberbayern Nr. GS 300–8489)

Abb. 31 Die Bucht von Altessing im Altmühltal. Blick flußauf in Richtung Westnordwest. Unten vorn die Malmkalkfelsen vom Schulerloch. Neben dem neuen RMD-Kanal in der »Schellnecker Allee« ein Stück des Ludwigskanals. Die Kiesgrube mit den Talsohleschottern (Abb. 32) war im Feld vor den Altessinger Häusern angelegt. Hinter der Altmühlbrücke Neuessing, darüber Randeck. Die impaktische Nivellierungsfläche liegt hier in rund 500 m NN. (Aufnahme Rewitzer, freig. Reg. Oberbayern Nr. GS 360–9759/84)

◁ Abb. 32 Am Ortsrand von Altessing (Abb. 31) waren bis vor einigen Jahren in großen Gruben die Talsohleschotter abgebaut worden. Da sie von der Altmühldonau angeliefert waren, enthielten sie sowohl fränkische wie auch alpine Gerölle.

Abb. 33 Nebel im Altmühltal. Blick von der Galgentalmündung flußauf nach Nordwesten: unterhalb der Bildmitte Schloß Prunn, gegenüber dem Bucher Tal; die Schambachtalmündung und die Rosenburg von Riedenburg; Spekelsberg und die Schleife von Gundlfing (Abb. 34); in der Talweitung von Dietfurt der Wolfsberg; hinten links die Weitung von Beilngries mit dem Arzberg; beiderseits der Talräume die völlig bergfreie, impaktische Nivellierungsfläche des Areals der Astrobleme. (Aufnahme Rewitzer, freig. Reg. Oberbayern Nr. GS 300–9379/83)

Abb. 34 Die Dreiburgenstadt Riedenburg im Altmühltal (1984). Blick talauf. Links die Einmündung des Schambachtales; Aufstau der Altmühl an der Schleuse Haidhof; dahinter der bewaldete, langgestreckte Spekelsberg und die sechs Kilometer lange Altmühlschleife von Gundlfing; über der nächsten Schleife Schloß Eggersberg (Abb. 35); hinten die Talweitung von Dietfurt mit dem Wolfsberg. (Aufnahme Rewitzer, freig. Reg. Oberbayern Nr. GS 300–9759/84)

Abb. 35 Das Altmühltal zwischen Eggersberg (vorne unten), Meihern und dem Wolfsberg vor Dietfurt. Blick talauf. Mäander der Altmühl und der König Ludwig I-Kanal mit der Schleuse Eggersberg. Unter den Dolomitfelsen von Eggmühl bei Altmühlmünster mündet das Branntal aus.
(Aufnahme Rewitzer, freig. Reg. Oberbayern Nr. GS 300–9759/84)

Abb. 36 Blick über das Bichlhofholz (524 m NN) altmühlaufwärts auf Mühlbach mit seinen Malm Delta-Felsfluhen, den Umlaufberg Wolfsberg (501 m NN) und die Tälerspinne von Dietfurt. Das Mühlbacher Trockental, an der höchsten Stelle 393 m NN hoch, wurde zuletzt im Ältestpleistozän von der Urlaaber (Abb. 24) durchflossen. (Aufnahme Rewitzer, freig. Reg. Oberbayern Nr. GS 300–9759/84)

Abb. 37 Kinding und das Altmühltal. Blick talab in Richtung Osten auf die bis 600 Meter breite Talaue und einige Altmühlmäander. Als Folge der West-Ost-Richtung haben sich am rechten Talhang, am ackerbaulich genutzten Areal unter dem Wald, außerordentlich mächtige Flugsande abgelagert. (Freig. Reg. Oberbayern Nr. GS 300–8489)

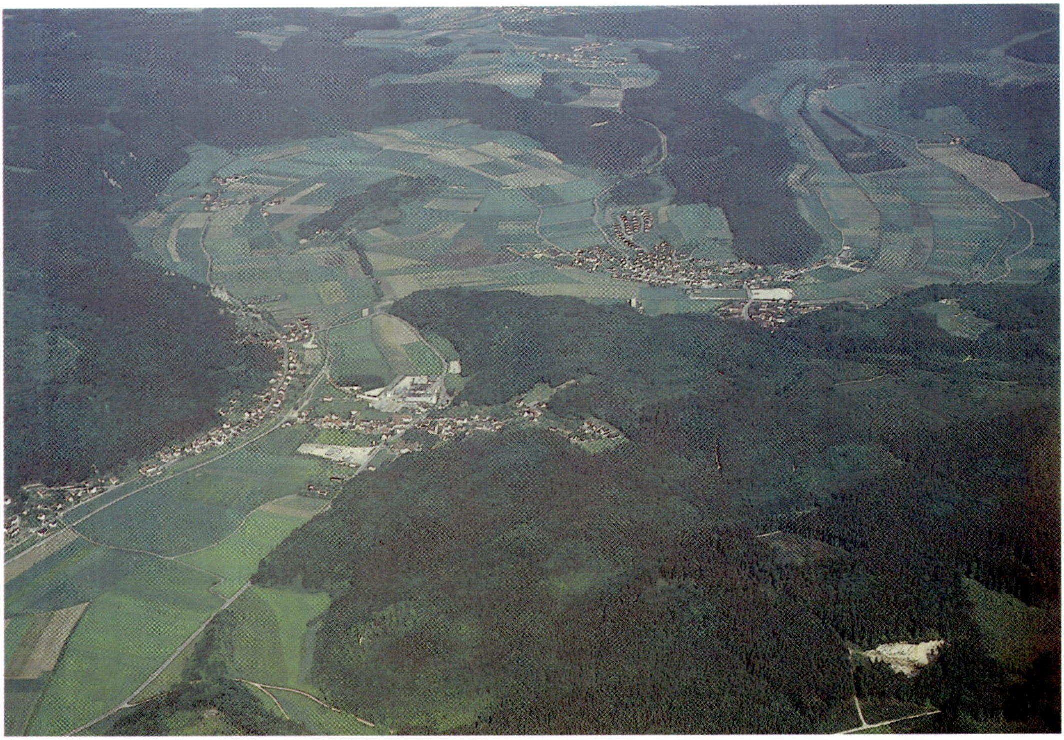

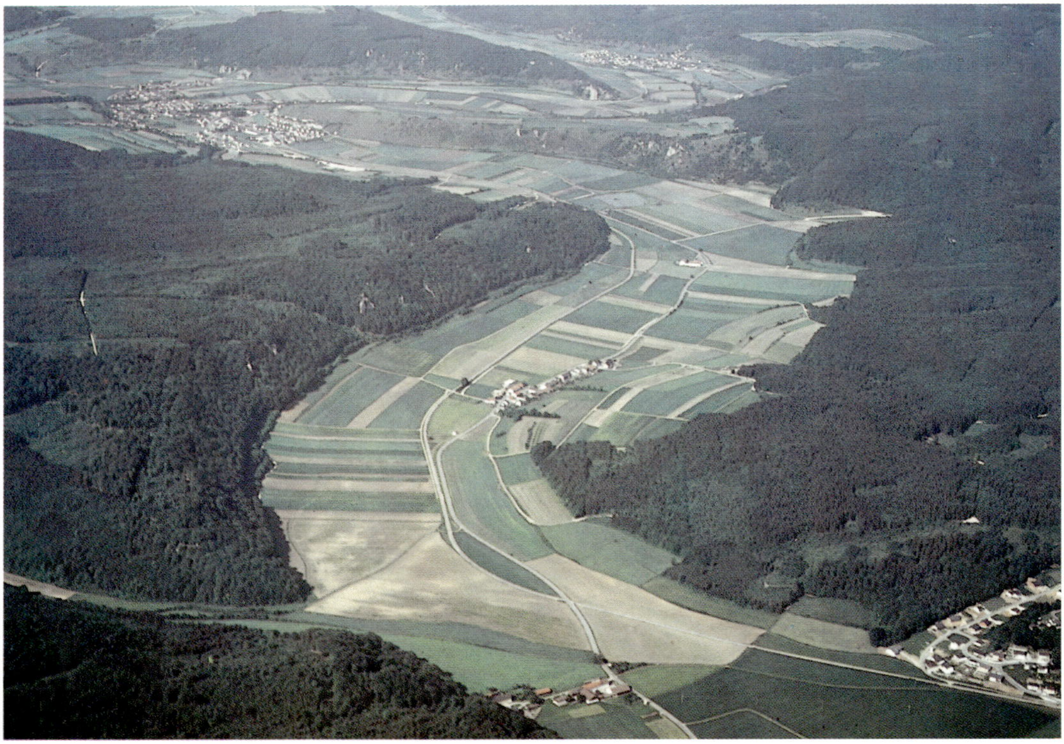

◁ Abb. 38 Das Wellheimer Trockental bei Wellheim (rechts) und Konstein (links, mit Malmkalkfelsen). Blick nach Ostsüdost. Die Donau kam von rechts. Hinter Wellheim der bewaldete lange Mühlberg-Sporn und Hard-Biesenhard, in der Flußschlinge der Umlaufberg Galgenberg. (Aufnahme Rewitzer, freig. Reg. Oberbayern Nr. GS 300–8489)

Abb. 39 Die Mündung des Wellheimer Trockentales in das Altmühltal bei Dollnstein (links) am langgestreckten kahlen Felssporn des Torleitenberges (Abb. 4). Blick von Konstein (rechts vorne) über Goppenhof und den bewaldeten Pfaffenbügel nach Norden. Malmkalkfelsen im Altmühltal hinter Dollnstein und im Gleithang vor Breitenfurt. (Aufnahme Rewitzer, freig. Reg. Oberbayern Nr. GS 300–8489)

Abb. 40 Kloster Weltenburg mit dem Frauenberg und die Donau in den Felsenkalken der Weltenburger Enge. Am hinteren Rand des Hienheimer Forstes die Befreiungshalle auf dem Michelsberg, dahinter auf Kelheimer Kalken die Häuser von Ihrlerstein, dahinter Regensburg. Altmühl und Donau haben die weichen Malm-Plattenkalke zwischen harten Felsenkalken zur Kelheimer Bucht ausgeräumt (Abb. 26). Neben den Schornsteinen die von der Donau drei Kilometer geschleppte Mündung der Altmühl (heute vom RMD-Kanal übernommen), dahinter der Teufelsfelsen und Bad Abbach. 1911 flossen Donau und Altmühl bei einem Hochwasser zusammen das letzte Mal am Nordrand der Bucht am Fuße der Winzerer Hänge entlang. (Aufnahme Rewitzer, freig. Reg. Oberbayern Nr. GS 300–9307/83)

Abb. 41 Die Schüttung der Mosbacher Sande erfolgte im Mündungsbereich des altpleistozänen Maines in den Rhein. Aus der nahen Taunusregion zuströmende Gewässer lieferten zwischen die überwiegend mainische Kies- und Sandkomponente immer wieder aufgearbeitetes, ortsständiges, daher grobes Material. Die Farbe der Sedimente wechselt mit dem Eisen- bzw. Kalkgehalt zwischen gelbbraun und hellgrau. – Über dem Dyckerhoff-Steinbruch Juli 1985.

Abb. 42 Sedimentologisches Charakteristikum der Mosbacher Sande sind die kiesigen und sandigen, stets gut sortierten Schüttungslinsen. Sie sind das Ergebnis weitgefächert pendelnder Transportrichtungen und stets sehr starker Strömung.

Abb. 43 Bei der Anlage des Kanaldurch-
stichs Volkach-Gerlachshausen wurden in to-
nig-torfigen Ablagerungen im Niveau der Bö-
schung altpleistozäne Fossilien, unter anderem ein Oberarmknochen des Etruskischen
Nashorns, gefunden.

Abb. 44 Die gelegentlich über 20 Meter
mächtigen altpleistozänen Main-Aufschüt-
tungen von Goßmannsdorf haben in den letzten Jahren eine beachtliche Zahl von Säuger-
fossilien geliefert. Blick in Richtung Main auf
den gegenüberliegenden rechten Talhang.

Abb. 45 Die Sandgruben von Randersacker (Abb. 49) haben in den fünfziger Jahren die meisten Beiträge zur altpleistozänen Fauna des Mittelmaincromer beigesteuert. Blick talabwärts auf den Main und die Würzburger Marienfeste.

Abb. 46 In den altpleistozänen Talaufschüttungen unterhalb Karlstadt wurde bisher ein einziges Leitfossil gefunden, wie in Volkach ein Oberarm des Etruskischen Nashorns. Primär poröse Sandhorizonte sind von Kalklösungen aus dem benachbarten Muschelkalk zementiert und so sekundär zu harten Kalksandsteinbänken geworden.

9. Altpleistozän

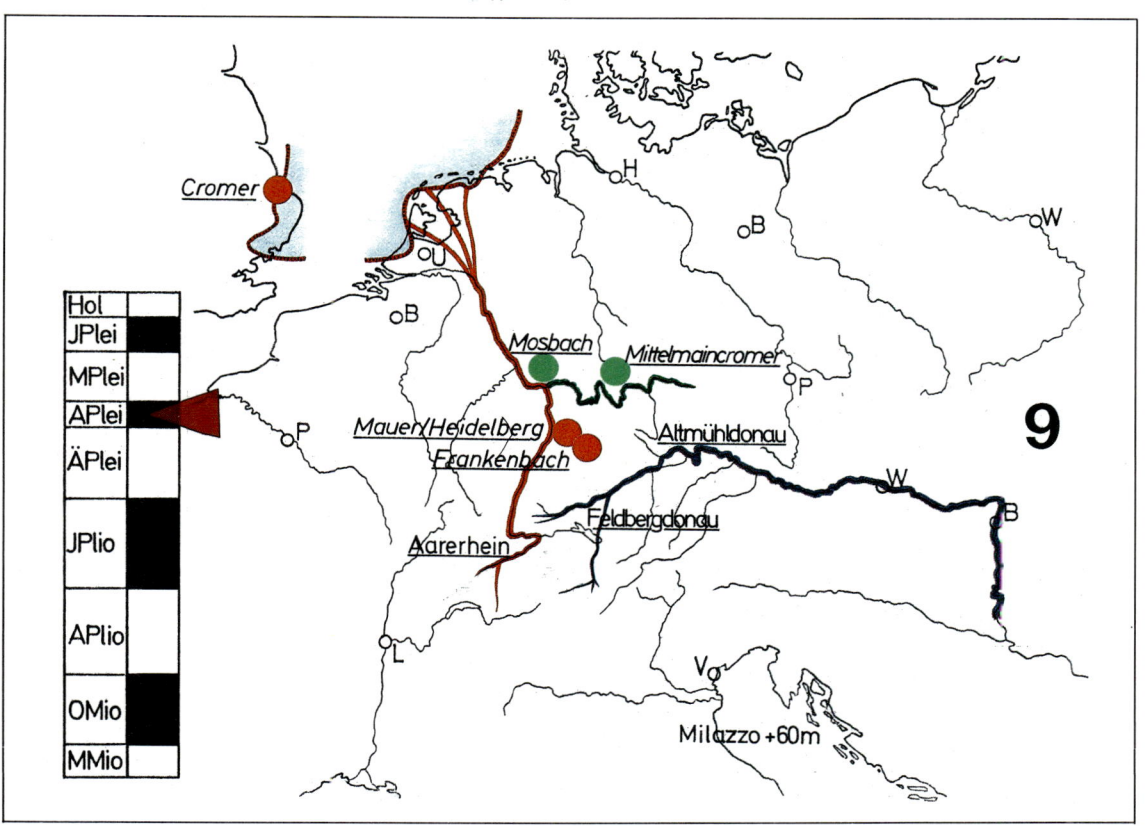

Dokumente des Aarerheins erst ab Straßburg – Riesiges Rheindelta – Homo erectus heidelbergensis in Mauer bei Heidelberg und Würzburg nachgewiesen – Enorme Aufschüttungen im Maintal – Fossilfundstellen des Mittelmaincromer – Klassische Lokalität Mosbach – Donau ohne Hinterlassenschaften

Die ersten Europäer

Die Gestade von Neckar und Main – Mauer bei Heidelberg und Würzburg – werden zum Dokumentationszentrum des Lebens dieser Zeit. Mit dem *Homo erectus heidelbergensis* ist der erste Mensch Europas gefaßt. Mit vielen neuen Erkenntnissen, gewonnen vor allem in der Lokalität Würzburg-Schalksberg, ist es nicht schwer, den Lebensraum mit seinen tierischen Zeitgenossen, die Arbeitsgeräte, vielleicht auch diese und jene menschliche Regung aus dem geologischen und paläontologischen Inventar heraus zu deuten. Die Tatsache, daß die Würzburger Knochen und Artefakte in einer autochthonen Fundstelle geborgen wurden und unter modernen Gesichtspunkten untersucht sind, beantwortet manche offene Frage und klärt Spekulationen, die sich aus der allochthonen Fundsituation des Heidelberger Unterkiefers ergeben.

Es gibt dennoch keine Antwort auf die Frage, woher der Frühmensch kommt. Die ersten Menschen überhaupt, die Urmenschen, sind nur aus Afrika bekannt geworden. Die meisten Skelettreste sind mittels der Bestimmung der Begleitfaunen ins Altpleistozän zu stufen. Nur die neuesten Funde von *Australopithecus afarensis* in Tansania und Äthiopien müssen, bei Nachweis von *Hipparion* und *Chalicotherium*, beim Fehlen von *Equus*, ins Jungpliozän, etwa an den Anfang unserer Arvernensiszeit, gestellt werden. Damit liegt der Zeitpunkt des Erscheinens des ersten Menschen vor etwa drei Millionen Jahren.

Das Altpleistozän Mitteleuropas ist der gegenwärtig am intensivsten bearbeitete Pleistozänabschnitt. Der Kenntnisstand hat sich in den vergangenen 30 Jahren enorm erweitert – das Ergebnis von Ausgrabungen, Entdeckungen, Forschungen und Beschreibungen. Für die nächsten Jahre sind weiterhin Neues und eine größere Übersicht zu erwarten – und dieser und jener Zwang zum Umdenken.

Der Aarerhein hinterläßt kaum Spuren

Das erste paläontologisch abgesicherte Altpleistozän bietet Achenheim-Hangenbieten, neun Kilometer westlich S t r a ß b u r g: über Rheinkiesen ein dunkler, feinsandig-toniger Horizont, mit Etruskischem Nashorn, Flußpferd und Elch, überlagert von roten Vogesensanden und einer komplizierten Löß/Lößlehm-Abfolge. Neeweiler im Elsaß zeigt Äquivalente in Form von drei Meter mächtigen Tonen, in denen Hölzer, Frucht- und Samenreste sowie Pollen nicht selten sind. Jedoch sind morphologisch die Dokumente nicht zu bestätigen. Die schon im Ältestpleistozän merkwürdige Situation, daß der den Aarerhein mit dem Urrhein verbindende Durchbruch im südlichen Oberrheingebiet nicht in Terrassen zu greifen ist, wird jetzt noch befremdlicher, weil die nachträglichen mittelpleistozänen Deckenschotter-Niveaus höher liegen.

Abb. 47 Die Main-Schleifen von Volkach und Urphar. In beiden Fällen gibt es keinen Bezug zu tektonischen Strukturen. Bei Urphar könnte wie bei der Tauber die Generalrichtung der Arvernensisflüsse durchscheinen.

× = Fossilfundstelle am Kanaldurchstich Volkach–Gerlachshausen.

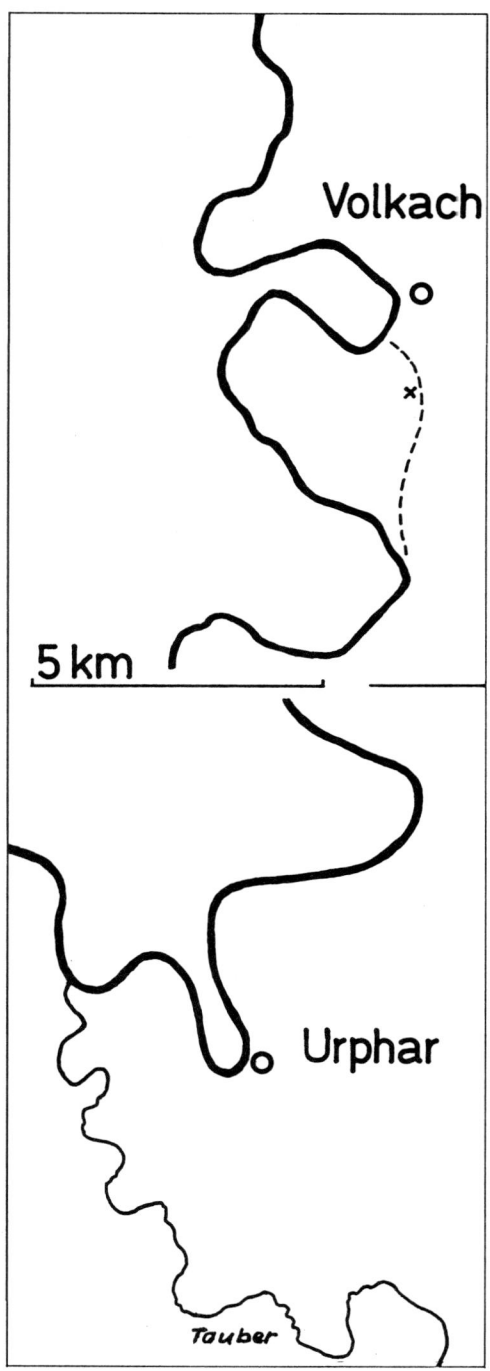

Tab. 48. Faunenliste altpleistozäner Fundstellen

		1	2	3	4	5
Insektenfresser *Insectivora*						
Spitzmaus	*Asoriculus* sp.	×				
Waldspitzmaus	*Sorex savini* HINTON	×				
Kleine Waldspitzmaus	*Sorex* sp.	×				
Bisamrüßler	*Desmana moschata mosbachensis* SCHMIDTGEN	×				
Bisamrüßler	*Desmana thermalis* KORMOS					×
Maulwurf	*Talpa fossilis* PENTENYI	×			×	
Kleiner Maulwurf	*Talpa minor* FREUDENBERG	×			×	
Herrentiere *Primates*						
Makake	*Macaca* sp.	×				
Heidelberger Mensch	*Homo erectus heidelbergensis*				×	
Hasenartige *Lagomorpha*						
Hase	*Lepus* sp.	×				
Zwergpfeifhase	*Ochotona pusillus* (PALLAS)	×				
Nagetiere *Rodentia*						
Biber	*Castor fiber* LINNAEUS	×	×	×	×	×
Groß-Biber	*Trogontherium cuvieri* FISCHER v. WALDHEIM	×	×		×	×
Eichhörnchen	*Sciurus* sp.	×				
Hamster	*Cricetus cricetus* ssp.	×				
Schermaus	*Arvicola mosbachensis* SCHMIDTGEN	×			×	
Schermaus	*Arvicola greenii* HINTON	×			×	
Kleinwühlmaus	*Pitimys schmidtgeni* HELLER	×				
Wühlmaus	*Microtus subarvalis* HELLER	×				
Wühlmaus	*Microtus* sp.	×				
Wühlmaus	*Pliomys* sp.	×				
Wühlmaus	*Pliomys episcopalis* MEHELY				×	
Rötelmaus	*Clethrionomys* sp.	×				
Lemming	*Lemmus* sp.	×				
Raubtiere *Carnivora*						
Wolf	*Canis lupus mosbachensis* SOERGEL	×	×		×	×
Rot- oder Alpenwolf	*Cuon priscus* THENIUS	×				
Rot- oder Alpenwolf	*Cuon* cf. *priscus* THENIUS	×				
Großer Alpenwolf	*Xenocyon lycaonoides* KRETZOI	×	×			
Bär	*Ursus deningeri* v. REICHENAU	×		×	×	×
Kleiner Bär	*Ursus stehlini* KRETZOI	×				
Bär	*Ursus* sp.		×		×	
Mauswiesel	*Mustela nivalis* LINNAEUS	×				
Iltis	*Mustela putorius* LINNAEUS	×				
Vielfraß	*Gulo schlosseri* KORMOS	×				
Vielfraß	*Gulo gulo* (LINNAEUS)	×				
Dachs	*Meles meles* ssp.	×				

		1	2	3	4	5
Raubtiere *Carnivora*						
Dachs	*Meles* sp.		×			
Fischotter	*Lutra* sp.	×				
Hyäne	*Hyaena brevirostris* AYMARD		×			
Streifenhyäne	*Hyaena perrieri* CROIZET & JOBERT	×			×	
Tüpfelhyäne	*Crocuta crocuta praespelaea* SCHÜTT	×				
Luchs	*Lynx issiodorensis* CROIZET & JOBERT	×			×	
Löwe	*Panthera leo fossilis* (v. REICHENAU)	×		×	×	
Europäischer Jaguar	*Panthera gombazoegensis* (KRETZOI)	×				
Leopard oder Panther	*Panthera pardus* (LINNAEUS)				×	
Gepard	*Acinonyx pardinensis* CROIZET & JOBERT	×				
Säbelzahntiger	*Homotherium moravicum* WOLDRICH		×		×	
Säbelzahntiger	*Homotherium* sp.	×				
Rüsseltiere *Proboscidea*						
Steppenelefant	*Mammonteus trogontherii* (POHLIG)	×	×	×		×
Waldelefant	*Palaeoloxodon antiquus* (FALCONER)	×	×	×	×	×
Südelefant	*Archidiscodon meridionalis* NESTI	×	×			×
Unpaarhufer *Perissodactyla*						
Mosbacher Wildpferd	*Equus mosbachensis* v. REICHENAU	×	×	×	×	
Wildpferd	*Equus germanicus* NEHRING					×
Esel	*Allohippus* sp.		×			
Merck'sches Nashorn	*Dicerorhinus mercki* (JÄGER, KAUP)	×		×	×	
Waldnashorn	*D. etruscus brachycephalus* (SCHRÖDER)	×	×	×	×	×
Paarhufer *Artiodactyla*						
Wildschwein	*Sus scrofa* LINNAEUS	×			×	
Alt-Flußpferd	*Hippopotamus antiquus* DESMAREST	×	×		×	×
Alt-Riesenhirsch	*Praemegaceros verticornis* (DAWKINS)	×		×		
Alt-Riesenhirsch	*Praemegaceros* sp.		×			×
Alt-Damhirsch	*Praedama* sp.	×				
Kronenloser Rothirsch	*Cervus acoronatus* BENINDE	×			×	
Kronentragender Rothirsch	*Cervus elaphoides* KAHLKE	×		×		
Rothirsch	*Cervus* sp.	×	×		×	×
Ren	*Rangifer arcticus stadelmanni* (KAHLKE)	×				
Ren	*Rangifer* sp.	×				
Breitstirnelch	*Alces latifrons* (JOHNSON)	×	×	×	×	×
Süssenborner Reh	*Capreolus süssenbornensis* KAHLKE	×				
Reh	*Capreolus* sp.	×	×	×	×	×
Steppenwisent	*Bison priscus* (BOJANUS)	×	×	×	×	×
Waldwisent	*Bison schoetensacki* FREUDENBERG	×	×	×	×	
Moschusochse	*Praeovibos schmidtgeni* SCHERTZ	×				
Argali	*Ovis ammon* (LINNAEUS)			×		

Die nächsten Zeugnisse sind dann bei K a r l s r u h e als Altquartär 2 in Bohrungen anzutreffen. Wiederum handelt es sich um tonige Feinsande, diesmal mit den Elefanten *meridionalis* und *trogontherii*, dem Flußpferd *Hippopotamus* und dem *Equus mosbachensis*.

Im Tiefland der südlichen Vorderpfalz ist Altpleistozän in den altberühmten Lokalitäten J o c k g r i m u n d H e r x h e i m (Abb. 51) zwischen Karlsruhe und Landau vertreten. In Jockgrim stehen wenige Meter über dem Rhein, von 15 Metern Niederterrasse überlagert, einst in großen Gruben erschlossene Stillwassersedimente an, meist Tone, dann tonige Schluffe, Torflagen, Mehlsande, aber auch Sandschichten – ohne jedes Anzeichen irgendwelcher Umlagerungen. Diese Verbände werden in Herxheim diskordant von einem zu Zeiten stärkerer Strömung transportierten Schotter überfahren. Die Herxheimer Fauna *(Palaeoloxodon antiquus, Dicerorhinus etruscus, Sus)* stammt aus diesem Schotter, die Jockgrimer (Abb. 48) hingegen aus den tonüberprägten Wechselschichten.

65 Kilometer rheinab und zehn Kilometer westlich vom Wormser Rhein bieten H o h e n - S ü l z e n und W e s t h o f e n (Abb. 51) Vergleichbares. Die bis zu zehn Meter mächtigen graugrünen Schneckenmergel – im Stillwasser einer Aarerhein-Schlinge abgelagert – enthalten eine beachtliche Fauna aus Kleinsäugern, darunter viele Leitformen, verhältnismäßig vielen Raubtieren, Insektenfressern und dem Hundsaffen *Macaca*; und wir finden auch reichlich Schnecken, Muscheln, Ostrakoden und Armleuchteralgen – Wirbellose, die in den übrigen Cromer-Fundstellen im allgemeinen sehr spärlich vorhanden sind.

Die vorderpfälzer und südrheinhessischen Schneckenmergel werden von bis zu 50 Meter mächtigen Flußsedimenten – weißgrauen bis rötlichen Sanden mit einzelnen roten Tonlinsen, den Freinsheimer Schichten – überlagert. Sie stellen um Worms und Osthofen weithin den Baugrund. Im Mainzer Becken werden die Schüttungen des altpleistozänen Aarerheins erheblich von denen des einmündenden Mains überprägt. Doch zwischen Oppenheim und Ingelheim gibt es eine Reihe von Terrassensanden mit dominant rheinischer Mineralkomponente – Äquivalente der Mosbacher Sande.

Es ist ein schwieriges Kapitel, den Aarerhein im Rheinischen Schiefergebirge zu eruieren, weil bislang keine zuverlässigen paläontologischen Dokumente bekannt sind. Es ist so, als habe sich der Fluß vor Erreichen des Gebirges verausgabt. Auch im Niederrheingebiet ist fossilgesichertes anstehendes Altpleistozän unbekannt. Erst draußen in der Nordsee fördern die Saugbagger immer wieder Wirbeltierrelikte des Cromer – aber zusammen mit solchen des Jungpleistozäns und mit Mammut und Wollhaarnashorn. Rhein und Maas haben also den Inhalt von verschiedenerlei Fossillagerstätten aufgearbeitet und verfrachtet.

Dafür entschädigt, weit jenseits der Rheinmündung, das ostenglische Cromer. Die Typlokalität des europäischen Altpleistozäns, die C r o m e r F o r e s t B e d S e r i e, abgelagert nahe dem Nordseeufer, ist eine brackische, in einem Flußästuar entstandene Bildung aus Kiesen, Sanden, Tonen und Torflagen, untermischt mit reichlich zusammengeschwemmten Baumresten *(Abies, Picea, Taxus, Quercus)* sowie massenhaft Säuger-Skelettresten. Darunter befinden sich die drei Elefanten *meridionalis, antiquus* und *trogontherii*, die Nashörner *etruscus* und *mercki, Equus robustus* und *mosbachensis*, das Flußpferd *Hippopotamus antiquus*, mehrere Hirsch-Gattungen, Säbelzahntiger, Biber und *Macaca*; also die gleiche Liste wie in Mosbach, Mauer oder im Mittelmaincromer (Abb. 48).

Literatur: DOPPERT et al. 1975; GUENTHER & MAI 1977; ROTHAUSEN & SONNE 1984; STÄBLEIN 1968; WOLDSTEDT 1958; ZAGWIJN 1974, 1979.

Mittelmaincromer – geologische und paläontologische Superlative

Für die Geschichte des Mainlaufs liefert das Altpleistozän die wichtigsten Daten. Aus noch nicht geklärten Gründen – es fehlt nämlich sowohl an Vorstellungen zur Paläogeographie in den Quellgebieten als auch zur Gestellung der Wassermengen – wird im Maindreieck und im Mainviereck das im Ältestpleistozän eingetiefte Tal bis auf halbe Höhe, rund 50 Meter, mit Sanden und Schottern gefüllt. Es bereitet weiterhin Schwierigkeiten, die Sedimentmassen zu verstehen; sind sie ausgeräumter Bamberger Kessel?

Der Füllvorgang muß äußerst rasch, gleichmäßig und ununterbrochen abgelaufen sein. Die Sedimente sind einheitlich. Unterschiede zwischen oberen und unteren Niveaus sind nicht zu erkennen. Ebensowenig gelingt es, den Zeitpunkt der Schüttung abzuschätzen. Beim Mangel einer diesen Pleistozänabschnitt erfassenden geophysikalischen Altersbestimmungsmethode ist man auf sehr grobe Schätzungen mit einem »etwa« von mindestens einer halben Million Jahre angewiesen. Einigermaßen sicher ist lediglich der Wert »älter als 690 000 Jahre«, dem Beginn der Mindel-Eiszeit. Der einzige Leithorizont ist eine Tonablagerung wenige Meter über der Talsohle, die bei Hafenlohr und Marktheidenfeld am auffälligsten ist.

Die Fossilfundstellen (Abb. 51) sind erst seit den fünfziger Jahren bekannt – Randersakker etwa als Folge des Kies- und Sandbedarfs für das im Krieg zerbombte Würzburg. Nach und nach lieferten sie eine großartige Fauna (Tab. 48; Mittelmaincromer) aus insgesamt sechs Lokalitäten innerhalb von 70 Kilometern Maindreieck-Talung und den Nachweis des *Homo erectus heidelbergensis* im Fundamentaushub für den Universitäts-Nervenklinik-Bau am Würzburger Schalksberg (Abb. 52), der einzigen autochthonen Fundstelle einer Altpleistozänfauna. Die übrigen Lokalitäten, Volkach, Goßmannsdorf, Randersacker, Erlabrunn, Karlstadt (Abb. 15 und 43 bis 46), bieten das Material allochthon, das heißt, die Skelette sind fluviatil vereinzelt und die Knochen und Zähne sind zusammen mit Sand und Geröll mehr oder weniger weit transportiert worden.

Alle Fundstellen liegen auf oder neben Muschelkalk; der neutralisierenden Wirkung der zusickernden Grundwasser-Kalklösungen verdanken wir die allerorten vorzügliche, am Schalksberg einzigartig gute Überlieferungsqualität. Marktheidenfeld, die bekannte Pflanzenfundstelle des Mittelmaincromer, liefert keinen Knochen – sie liegt im Buntsandstein des beginnenden Mainvierecks.

Bei Goßmannsdorf (Abb. 44) liegt die Oberkante der altpleistozänen Talaufschüttung in einer Höhe von 215 m NN, bei Würzburg in einer von 210 m NN (42 Meter über dem Main), bei Karlstadt in 200 m NN Höhe. Sie fällt flußab gleichmäßig ab, aber wesentlich geringer als der heutige Main. Dagegen ist die Basis stärker geneigt: bei Randersacker in 185 m NN, bei Karlstadt in 170 m NN Höhe; bei Gemünden taucht sie unter den Main. Entsprechend nimmt talabwärts die Mächtigkeit der Talaufschüttung zu: Randersacker 30, Marktheidenfeld 50 und Wertheim 60 Meter.

Dieselbe Talaufschüttung ist im Spessart-Maintal in oft ausgedehnten Relikten erhalten. Doch sind dort Fossilien bis jetzt nicht gefunden worden, wahrscheinlich wiederum als Folge der aggressiven, auflösenden Buntsandsteinwasser.

Alle sedimentologischen Daten der Fundstellen des Mittelmaincromer sagen aus, daß die tiefsten Schüttungen die ersten, die höchsten die jüngsten sind und daß es keine Unterbrechungen im Schüttvorgang gab. Darüber hinaus bekunden die geologischen Merkmale eine außerordentlich rasche Bildung, sie ist gewissermaßen aus einem Guß.

In den zahlreichen, über viele Jahre hinweg geöffneten Sand- und Kiesgruben, sowohl von Goßmannsdorf (Abb. 44) als auch Randersacker (Abb. 45), fanden sich die Fossilien stets regellos über die gesamte Mächtigkeit verteilt. Es gab keine Anreicherungen, auch nicht an der Basis, und keinerlei Bindung an Sand oder Kies, an die Strömung also, auch nicht an Strommitte oder Ufersaum, wie die auf über 150 Meter Breite angelegten Gruben von Randersacker zeigten. Dort konnte zudem nachgewiesen werden, daß die Verteilung der Skelettreste von einem Punkt, einer offenbar immer wieder besuchten Tränke an der Einmündung des Lindelbacher Nebentales, dem Todesort, ausging: Die Funde an der Wurzel waren am reichsten, nach 300 Metern verarmten sie deutlich (Abb. 49). Entsprechend sind die nahe der Tränke sedimentierten Skelettreste sowohl größer wie sperriger; von dort kommen die meisten Kiefer und Geweihrelikte – die weiter flußab transportierten Knochen sind (im Begräbnisort) insgesamt kleiner sowie abgerollter, außerdem fanden sich weit mehr Einzelzähne vom Pferd.

An beiden Lokalitäten war gelegentlich der geglättete Hauptmuschelkalk-Felsboden, sanft zum Talhang ansteigend, einzusehen. Die in Goßmannsdorf im Basisbereich beobachtete Konzentration von grobbrockig-kantigem, kalkverkittetem Muschelkalkschutt mit auffällig vielen großen Kieselholzstücken war in Randersacker nicht entwickelt. Dort gab es hingegen – zunehmend am Talrand – häufig die vom Hang gekommenen und in Rinnen quer zur Strömungsrichtung in den Fluß eingedrungenen Schuttmurren.

Die Pferdezähne von Erlabrunn stammen aus einem verbackenen Kiesrelikt 20 Meter oberhalb des heutigen Mains, der Nashorn-Humerus von Karlstadt aus einer Sandlage in Kiesen (Abb. 46) sechs Meter oberhalb des Mains. Der Nashorn-Humerus von Volkach (Abb. 43) kommt hingegen aus einer torfigen Altwasserbildung, die im Zuge der Anlage des Kanals Volkach–Gerlachshausen (Abb. 47) in der Kanal-Böschung angeschnitten wurde.

Würzburg-Schalksberg war zweimal, 1966 und 1976, in beachtlichen Baugruben (Abb. 52) in einem vorher als Hangschutt kartierten Areal des Berghanges erschlossen (Abb. 50). Der geologische Befund erfaßte auf 150 Metern Länge und 40 Metern Breite ein in Ufernähe entstandenes Main-Niederungssediment mit zehn Metern Tiefgang, das die Fossilien enthielt. Im Verein mit den äquivalenten Ablagerungen des zehn Kilometer mainauf liegenden Randersacker überblicken wir also 25 Meter fossilhaltiges Altpleistozän.

Die Bedeutung der Fundstelle liegt einmal darin, daß Skelette, Knochen und Zähne nicht vom Flußwasser aufgearbeitet, transportiert oder zerteilt worden sind. Vielmehr ist der Todesort der Tiere auch deren Begräbnisort. Zum anderen wurden während der Ausgrabung im Jahre 1976 Artefakte gefunden. Nach dem bis jetzt präparierten Material entfallen 39 Prozent der Funde auf Hirsche und 35 auf Bisonten. Unter den mit 16 Prozent überraschend zahlreich nachgewiesenen Raubtieren (in Randersacker nur 0,8 Prozent) sind Dachs, Bär, Wolf und Hyäne zu melden; der Säbelzahntiger kommt aus Randersacker. Es folgen mit sechs Prozent die Elefanten. Das Pferd – in Randersacker mit 65 Prozent dominant – ist mit zwei Prozent, das Nashorn mit einem vertreten. Vom Flußpferd fand sich lediglich ein einziges Exemplar. Extremitätenknochen sind am häufigsten. Es folgen komplette Schädel, Knochen des Schulter- und Beckengürtels und Wirbelkörper. Rippen sind nicht häufig.

Die Überlieferungsqualität ist hervorragend (Abb. 54 und 58). Die im Regelfall elfenbeinweißen Knochen zeigen alle Sehnen- und Bänderansätze und die Nervenkanäle. Daß die Tiere sofort nach dem Tode mit Haut und Haaren in einbettenden Schlamm geraten konnten, ist in einigen Fällen an der oft entwickelten Konzentration von verkittendem Kalk, wie er durch chemische Einwirkung der Verwesungsgase im Kontaktbereich Fleisch zu Sediment während

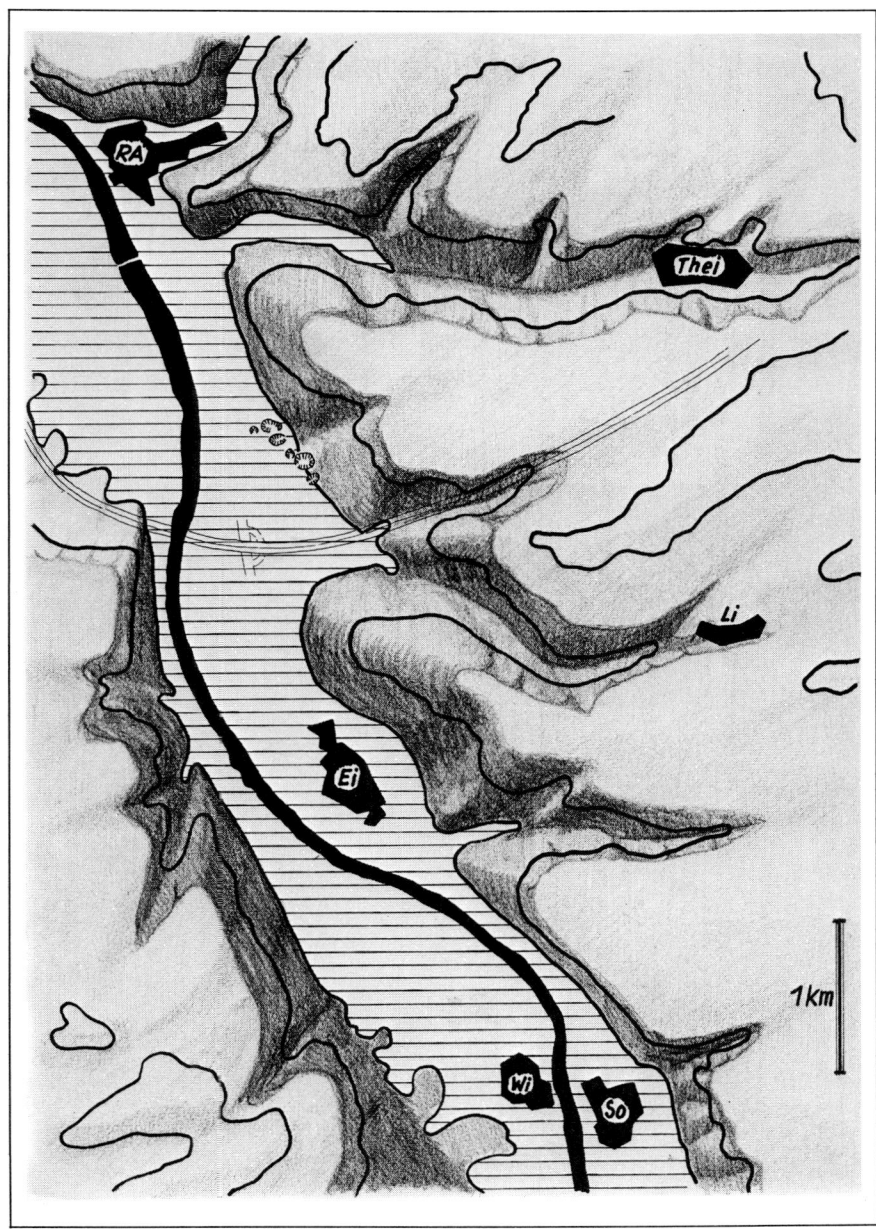

Abb. 49 Der Talboden des altpleistozänen Mains (schraffiert) zwischen Sommerhausen/Winter-
hausen (So/Wi) und Randersacker (RA). An der Einmündung des Lindelbacher Tales, vermutlich
einer Tränkstelle, kamen immer wieder Tiere ums Leben. Ihre Kadaver und Skelette wurden vom
Fluß verschleppt und zusammen mit Schottern und Sanden einige hundert Meter mainabwärts
verlagert. In den längst aufgelassenen Sandgruben nächst der Autobahnzufahrt Randersacker
wurden sie wieder ausgegraben.

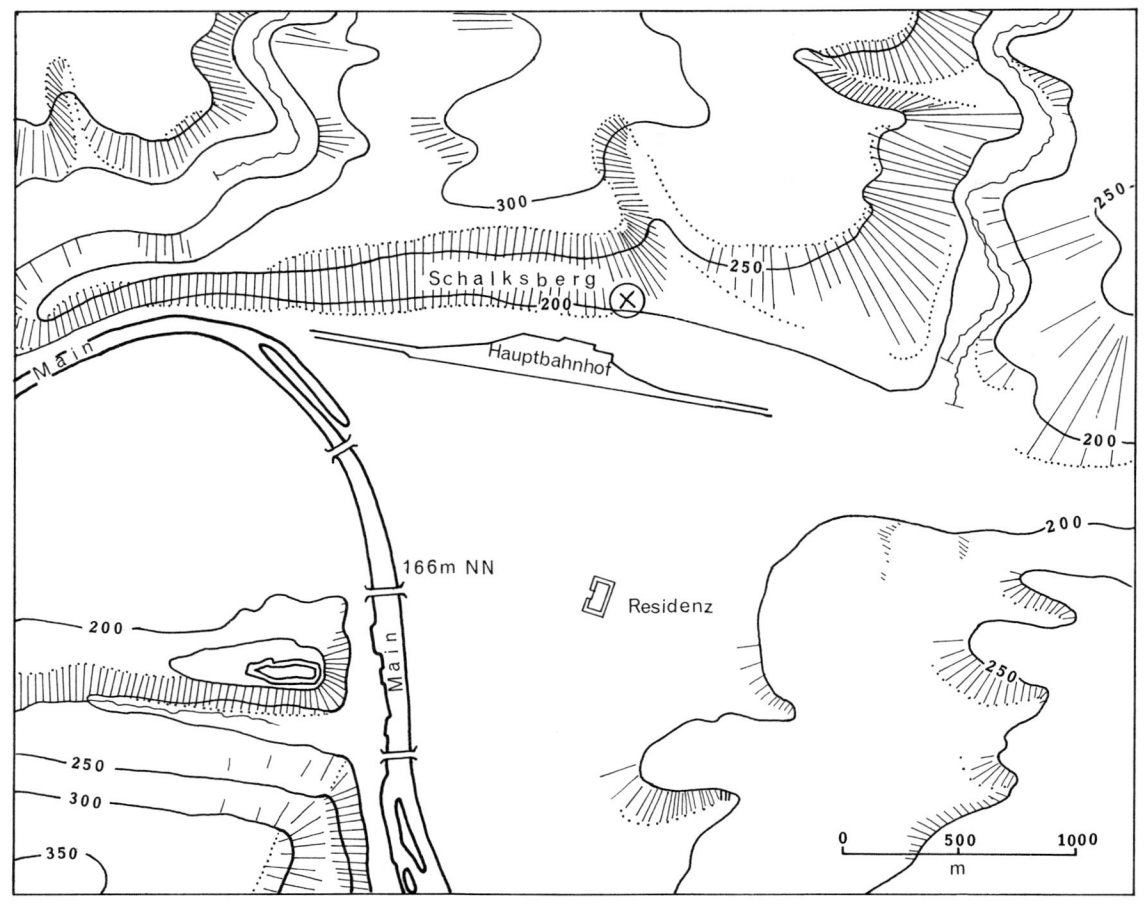

Abb. 50 Die Altpleistozän-Fossilfundstelle Würzburg-Schalksberg (×) hinter dem Würzburger Haupt-
bahnhof. In die seinerzeit 40 Meter höher gelegene Main-Niederung kamen über die Hangeinkerbung
(heutige Rimparer Steige) die Tiere von der Hochfläche herab zum Wasser. An diesem Ort starken
Gedränges kamen immer wieder welche ums Leben und/oder wurden Beute von Raubtieren, aber auch des
Homo erectus heidelbergensis.

der Fossilwerdung zu entstehen pflegt, zu erkennen. Eines der Prachtstücke der Sammlung, der vollständige Schädel von *Xenocyon* (des größten Wolfes der Erdgeschichte), ist Inhalt einer solchen Konkretion.

Nur eine autochthone Fossilfundstelle kann solche Qualität liefern. Das ist nur unter besonders glücklichen geologischen Voraussetzungen möglich, und die waren in diesem steilufernahen Niederungsbereich in Verbindung mit dem benachbarten Tälchen gegeben (Abb. 50). Im Zwickel von Steilhang und der Wurzel eines vom Tälchen erzeugten Schwemmkegels war eine ausgesprochen amphibische Uferpartie entstanden: trockene, begehbare Streifen, Zungen und Inseln neben stehendem Flachwasser, womöglich von den Dammbauten der Biber reguliert und beruhigt. Wie das Flußpferd anzeigt, war das Wasser kaum tiefer als einen Meter. Die Überdeckung und Einbettung der Skelettreste mit lehmigem Sand muß jeweils schnell, aber ruhig erfolgt sein. Beeinflussungen durch bewegtes Wasser konnten nirgends beobachtet werden. Vermutlich ist das Sediment der Absatz von Hochwasserüberflutungen. Für die Qualität der Überlieferung mag auch die Tatsache entscheidend sein, daß in die späteren Fundbezirke niemals Pflanzenwurzeln eingedrungen waren.

Die enorme Fossilanhäufung macht deutlich, daß der Bereich der Fundstelle ein übermäßig stark frequentierter Ort war, wahrscheinlich der Zugang zu einer Tränke. An einer solchen Wasserstelle herrscht ein erstaunlicher Verkehr, ein ununterbrochenes Kommen und Gehen von Tieren, die ihren Durst stillen wollen. Flußwassertränken werden von den Tieren bevorzugt angenommen, weil sie nicht ausgetrunken werden können.

Hier konnte es immer wieder zu Unfällen kommen. Die Großtiere wateten und kneteten, drückten Kadaver und Knochen in das Sediment. 1966 wurde ein anderthalb Meter langes Paar Elefanten-Vorderbeine senkrecht im Sediment steckend angetroffen. So sorgten in Einzelfällen Großtiere für besonders rasche Einbettung und damit ideale Fossilisationsbedingungen. Auch führte das Versinken im Schlamm zu bevorzugter Überlieferung von Extremitätenknochen; es erklärt zugleich den Mangel an Rippen und Wirbeln, da diese, über dem konservierenden Medium gelegen, zerstört wurden.

An den trockenen Stellen trieben sich Raubtiere und Aasfresser, vermutlich auch der Homo erectus heidelbergensis herum. Sie wurden von den im Wasser treibenden oder im Schlamm steckengebliebenen Leichen und von den noch nicht verendeten, im Todeskampf brüllenden Tieren angelockt. Ob dieses und jenes Tier ein Opfer der Hyänen ist – die es bekanntlich gut verstehen, ganze Rudel in Abgründe zu stürzen –, oder der Wölfe, die besonders Hirsche über Steilhänge in den Tod treiben, kann ebensowenig beantwortet werden wie die Frage, ob die Räuber bei ihrer rasenden Verfolgung selbst zugrunde gingen. Der überdurchschnittlich hohe Raubtieranteil in der Lokalität Schalksberg verlangt jedoch eine Deutung. In erster Linie dürfte es die Aussicht auf reiche Beute sein, in zweiter Linie die von gegenwärtigen ostafrikanischen Verhältnissen bekannte Tatsache, daß sie sich bei reichhaltigem Nahrungsangebot außerordentlich stark vermehren. In Afrika verhungern aber auch sofort die meisten Raubtiere, wenn etwa die Rinderpest ihnen ihre Existenzgrundlage nimmt.

Nashorn und Waldelefant machen nahegelegene, dichte, saftige Auewälder wahrscheinlich, wohl in Verbindung mit einem alles in allem das gesamte Jahr über warmen Klima, denn das Flußpferd *Hippopotamus* verträgt ein Klima mit Frosttagen kaum; die Elefanten wären unter gegenwärtigen Verhältnissen winters verhungert. Die Leichen mancher Großtiere waren alsbald prall aufgedunsen, dann zusammengefallen, so daß die Gebeine in einer Ebene platt lagen. Großraubtiere pflegen in diesem Stadium an den Kadavern zu zerren und sich zu streiten.

Aus Innerafrika wird berichtet, daß bis zu acht Löwen ein einziges Rind auseinanderreißen, wobei der Zugriff bevorzugt an den bißgriffigen Knöcheln und am Schwanz erfolgt. Wir besitzen einen Elefanten-Fußwurzelknochen mit den Beißspuren des Säbelzahntigers. Die Knochenhaut ist verschoben, sie war also weich; der Biß muß innerhalb von 30 Stunden erfolgt sein, da nach dieser Zeit die beginnende Verwesung im Wirken von Bakterien andere Formen bedingt.

Das vorläufig noch großzügig mit Altquartär umschriebene geologische Alter der außergewöhnlich reichhaltigen Fauna aus der erst Ende der siebziger Jahre entdeckten Fundstelle Untermaßfeld bei Meiningen/DDR (Abb. 51) kann übrigens über Würzburg-Schalksberg ohne weiteres als Altpleistozän eingestuft werden, denn das in vielen erstklassigen Belegen nachgewiesene Flußpferd *Hippopotamus* kann, vom Rhein-Main-Gebiet ausgehend, nur über das Maintal dorthin gelangt sein, setzt also dieses voraus.

Literatur: KAHLKE 1982; KÖRBER 1962; NOBIS 1981; SCHÜTT 1974; TRUSHEIM 1981.

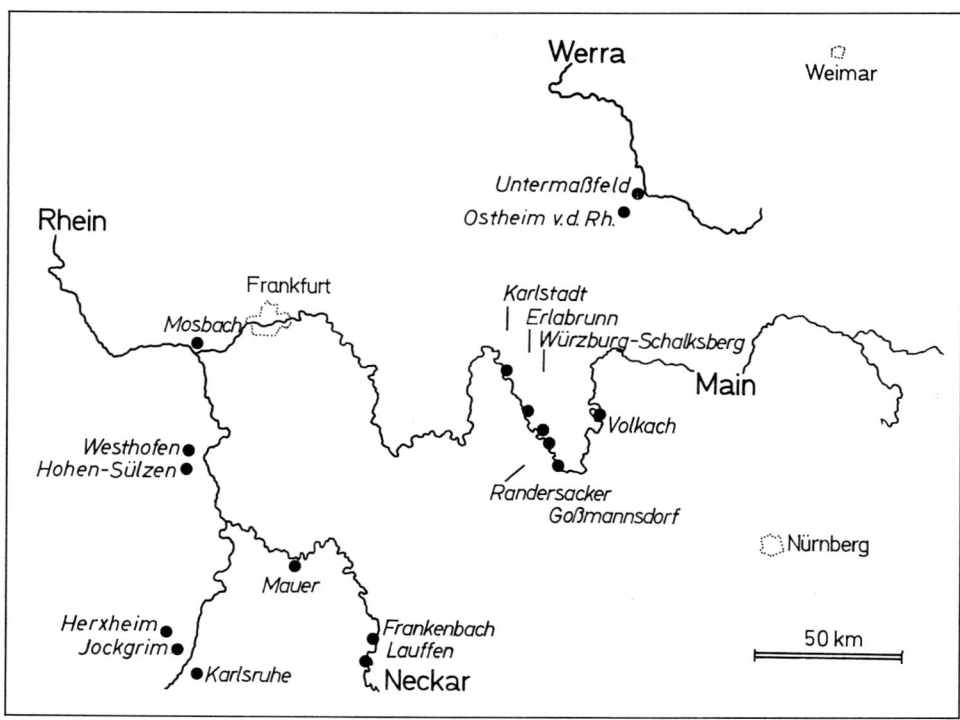

Abb. 51 Fundstellen altpleistozäner Wirbeltiere in den Einzugsgebieten von Werra, Main, Neckar und unterem Oberrhein.

Der Heidelberger vom Würzburger Schalksberg

Bei den Ausgrabungen 1976 wurden, zusammen mit den skeletalen Elementen, etwa zehn Meter unter der Oberfläche des Schalksberghanges drei Artefakte gefunden; eins davon ist von A. Rust ausführlich beschrieben worden. Im Sommer 1984 kam bei Präparationsarbeiten ein weiteres Muschelkalk-Artefakt mit 200 bis 250 bis zu sechs Millimeter langen Kratzern auf der Arbeitsfläche zum Vorschein.

Die Artefakte sind Bearbeitungs-, nicht Jagdgeräte. Wir stellen uns vor, daß mit den in unerwartet hochstehender Technik zugerichteten Werkzeugen an den im Schlamm steckenden Leichen Fell und Fleisch über den begehrten Markknochen aufgeschlitzt oder der Rumpf geöffnet wurde, um an die Innereien zu gelangen; vielleicht wurden damit auch einzelne Extremitäten abgetrennt. Die Artefakte bestehen aus ortsständigem Muschelkalk. Die Verwendung von Kalkstein als Werkstoff versteht sich zwangsläufig aus dem lokalen Fehlen härteren Materials. Die größten Kieselgerölle im Würzburger Main sind höchstens hühnereigroß (Abb. 59). Sie sind überdies selten. In der Kampagne 1976 wurde überhaupt kein Geröll angetroffen.

Immer wieder sind mehr oder weniger umfangreiche Gesteinspartien zu beobachten, die mit zahllosen winzigen, manchmal auch größeren Knochensplittern getränkt sind. Die Erzeugung eines solchen Knochenbreies durch Tiere ist nicht bekannt. Eher kann man sich vorstellen, daß er vom Menschen beim Gewinn von Knochenmark oder Hirn entstanden ist oder, noch wahrscheinlicher, beim Weichklopfen von Fleisch. Denn der altpleistozäne Frühmensch beherrscht noch nicht das Feuer. Das Frühmenschengebiß ist, wie der Heidelberger Unterkiefer zeigt, nicht viel anders als das unsrige. Daher ist zu folgern, daß das rohe Fleisch vor dem Verzehr zerschlagen werden mußte. Sind die Knochensplitter Ausgespucktes? – Die Hauptnahrung des Frühmenschen dürfte jedoch aus Igeln, Ratten, Fledermäusen, Fröschen, Hasen, Insekten, Eiern, Knollen, Samen und anderem Pflanzlichen bestanden haben.

Eindeutig menschliches Wirken bezeugen die gezielt auf den Markhohlraum gerichteten Öffnungen von Knochen (Abb. 55) oder die nie fehlenden, oft winzigen Steinsplitter, die nur beim Zerschellen von Steingerät entstanden sein können, oder der Befund, daß von 350 Langknochen 100 bereits vor ihrer Einbettung in der Mitte, nur acht an den Gelenken zerbrochen waren.

Noch nie wurden anderwärts in einer Menschen-Fundstelle Knochenkombinationen beobachtet. Zum Beispiel liegen über dem isolierten Mandibelast eines Bären, im rechten Winkel zu dessen Längsachse, der Metacarpus eines Elches – die distale Epiphyse ist splittrig weggebrochen – und der Metacarpus eines Bisons eng nebeneinander (Abb. 58). Darüber liegen – wieder parallel der Bären-Mandibel – der Humerus eines Bären, der Humerus eines Bisons, die Gaumenplatte eines Elches mit Bezahnung und der Metapode eines Elefanten. Eine weitere Knochenkombination zeigt drei rechte Metacarpi von drei verschiedenen Gattungen (Elch, Alt-Riesenhirsch, Bison) in halbbogenförmiger Anordnung. Daneben liegen ein Astragalus (Bovide oder Cervide), die Mandibel eines Wolfes und Wirbel- sowie Rippenbruchstücke.

Die als Schlagstelle interpretierte, sandgefüllte Öffnung eines Bison-Humerus (Abb. 55) zeigt in der Struktur des Öffnungsrandes eindeutig eine auf das Knocheninnere gerichtete, mechanische Einwirkung eines kräftig geschlagenen, schweren, stumpfen Gegenstandes an. Da der Markhohlraum bereits mit Sediment gefüllt ist, andererseits die randlichen Knochensplitter noch im Zusammenhang sind, muß zwischen Eröffnung und Verfüllung ein noch vom angetrockneten Muskelgewebe und Fell gehaltener Zustand liegen; man kann dafür höchstens einige Wochen Zeit einsetzen. Hyänen und andere Großraubtiere erzeugen niemals derartige Öffnungen; überdies fehlen am Rande des Loches Beißspuren. Die Annahme, ein vom Schalksberg rollender schwerer Stein habe hier wuchtig eingeschlagen, ist insofern verfehlt, als die Fundstelle keine derartig großen Kaliber enthält – ganz abgesehen vom Fehlen der auf solche Prozesse folgenden bruchtektonischen Zeichen. Der Auftritt eines schweren Tieres scheidet ebenso aus wie die Annahme einer am lebenden Tier entstandenen Verletzung.

Menschenwerk sind ferner der aus Hirschgeweih zugerichtete Hammer und das in der Fundstelle auffällige Mißverhältnis zwischen der Anzahl von Bison- bzw. Hirschschädeln einerseits und Hornzapfen bzw. Geweihen andererseits: wahrscheinlich sind die für Hohlgefäße bzw. Hämmer benötigten Elemente mit Steinen abgeschlagen worden. 1966 fanden sich auffällig viele einzelne, abgebrochene Zahnspitzen (Abb. 56 und 57); sind sie beim Sägen mit Raubtierunterkiefern entstanden?

Literatur: RUST 1978.

Spessart und Untermain – Pollen und Holz

Das Altpleistozän von Marktheidenfeld – über acht Meter mächtige grünlich-graue, fette Tone mit mehreren Mainsandlagen, unter zwei Metern Mainkies und diese wiederum unter mächtigen Lössen begraben – ist paläontologisch durch Blätter und Pollen in einer (früher einen Meter mächtigen) Torfschicht ausgewiesen.

Im Spessart-Maintal ist die altpleistozäne Talaufschüttung in oft ausgedehnten Relikten erhalten, doch sind Fossilien bis jetzt nicht gefunden worden. Im Großraum Aschaffenburg werden, zehn bis 20 Meter über dem Main, ausgedehnte, bis zu 45 Meter mächtige Schotterfluren geschüttet – bei Unterschweinheim mit Riesenblöcken aus Buntsandstein. Bei Hösbach sind aus einer Tonmergellinse die Relikte einer beachtlichen Käferfauna bekannt geworden. Tonlagen können bis zu fünf Metern mächtig werden. Sie enthalten Pollen, öfters zusammengeschwemmtes Holz, sogar ganze Baumstämme. Bei Hainstadt sind in humosen Horizonten senkrecht stehende Baumwurzeln aufgefallen. Das einzige Säugerfossil, der Zahn eines *Mammonteus trogontherii*, wird aus Stockstadt gemeldet – die Überlieferung ist wohl einem kalkreichen Hangenden zu verdanken.

Im Senkungsgebiet Hanauer Becken entsteht eine weite Aufschüttungsebene. Über 500 Quadratkilometer werden mit bis zu 40 Meter mächtigen, recht eintönigen Mittel- und Grobsanden (mit ein paar Blöcken an der Basis) verschüttet und nachträglich gesenkt: Die hier in einer Höhe von 100 m NN liegende Schotterbasis findet sich am Sperriegel des Sprendlinger Horstes, in der Neu-Isenburger Pforte, in 120 m NN Höhe – in der Höhenlage der Basis der Mosbacher Sande.

Literatur: BACKHAUS 1967; SCHEER 1976.

Die Main-Mündung bei Mosbach – Rekord an Fossilfunden

Mosbach, die klassische Altpleistozän-Lokalität, ist eine der ältesten Fossilfundstellen des Kontinents. Seit 1845 werden, mehr oder weniger ununterbrochen, aus Aufschlüssen der Mosbacher Sande, den Ablagerungen des altpleistozänen Mains im Gebiet seiner Mündung in den Rhein (Abb. 51), die Knochen und Zähne von Säugern gesammelt. Zur Zeit sind 43 Großsäuger und 18 Kleinsäuger bekannt (Tab. 48). Das im letzten Krieg zerstörte Material konnte ersetzt und vermehrt werden. Umfangreich ist die Spezialliteratur mit über 150 Titeln. Fossilfreie Äquivalente dieser Mosbacher Sande sind auch linksrheinisch in den Ablagerungen der Mittleren Talstufe bei Weisenau, Gonsenheim, Budenheim und Ockenheim anzutreffen.

Mosbach – zusammen mit Biebrich längst nach Wiesbaden eingemeindet – ist Erinnerung an den Fundort der ersten Fossilien. Damals lagen die Gruben im Dreieck Landesdenkmal-Mosbach-Biebrich. Heute stehen die Mosbacher Sande im Dyckerhoff-Bruch gegenüber Mainz an, in dem von Autobahnen umschlossenen Gebiet zwischen Amöneburg und Erbenheim. Die reliefarme, weite Terrassenlandschaft (Rheingauerfeld), zum Rhein hin von einer markanten Geländestufe begrenzt, liegt in einer Höhe zwischen 115 und 150 m NN – 35 bis 70 Meter über dem Rhein.

Der Basiskomplex der Mosbacher Sande ist Füllung jener Dolinen, aus denen die hellen arvernensiszeitlichen Sande und Fossilien geräumt worden waren, mit entsprechend stark schwankender Mächtigkeit. Weil die Komponenten wenig mit den üblichen Mainsedimenten zu tun haben, sind sie für uns von besonderem Interesse. Das gilt vor allem für die bis kopfgroßen Geröllе aus Buntsandstein und die oft tonnenschweren Buntsandsteinblöcke (»aus dem Spessart«). Sie wurden – wie die nicht minder beachtlichen Brocken aus Muschelkalk (»aus der Würzburger Gegend«) – gewöhnlich als von Eisschollen antransportierte Driftblöcke angesehen.

Auch die übrigen Komponenten – weitgehend unverfestigte und eisenumrindete Gerölle – lassen sich zwanglos aus umgelagertem Arvernensismaterial erklären. Es ist nicht nötig, ferne Liefergebiete (»Fichtelgebirge«, »Bamberg«) zu bemühen; sie kommen von nicht allzuweit her. Interessanter ist der Befund, daß die Wirbeltierrelikte überwiegend in den Partien mit Anreicherung der großen Gerölle vorkommen.

Die meisten Fossilien kommen aus der »Mittleren Stufe der Mosbacher Sande« (Abb. 41). Erheblich unterscheidet sich das Sediment von dem der Basiszone. Es sind überwiegend Mainsande mit einem geringen Teil Aufgearbeitetem. Diese einen bis 14 Meter mächtigen kalkigen, trotzdem nur gelegentlich verfestigten, grauen bis gelbgrauen und glimmerreichen Mittelsande (»Graues Mosbach«) werden von vielen linsig-bänderigen Kies- und Schotterlagen untergliedert (Abb. 42). In den Sanden gibt es auch Rheinkomponente. Von hier stammen die wenigen vom Rhein gebrachten alpinen Radiolarite und Nummulitenkalke. Schluffgerölle und knollige Tonmergelbrocken sind aufgearbeiteter Flußschlamm.

Die meisten der in den letzten Jahrzehnten aufgesammelten Fossilien kommen aus einer braunen Kieslinse des unteren Abschnitts. Sie keilt mehrfach aus, ist offensichtlich nicht durchgehend entwickelt und fehlt im Osten. Die Funde – öfter kalkkonkretionär umschlossen – streuen und werden gegen oben deutlich weniger, mit Ausnahme jener Lagen, aus denen die Kleinsäuger kommen.

Die Gerölle sind schlecht sortiert und weniger als die aus tieferen Lagen zugerundet; vom Liegenden unterscheiden sie sich auch durch einen höheren Quarzanteil und einer Häufung von

Grünschieferbruchstücken. Das Fehlen von Erosionsdiskordanzen und sonstiger Anzeichen von Sedimentationsunterbrechungen läßt es ausgeschlossen erscheinen, in den Kieslagen die Ablagerung einer neuen, zeitlich später angelegten Flußterrasse zu erkennen. Die Mosbacher Sande können wir ohne weiteres als einen einzigen Sedimentkörper, als einphasig geschüttetes Äquivalent des Mittelmaincromer ansehen. Die Analyse der im Mittelmainbereich mehrfach überschaubaren Bildungsvoraussetzungen mündet im Befund, daß die traditionelle Dreigliederung (Unteres, Mittleres, Oberes Mosbach) – im Sinne einer mehrphasigen, klimatisch gesteuerten Sedimentation – nicht gewährleistet ist. Es ist nicht einzusehen, warum die im Mittelmaintal einheitlichen Bildungen ausgerechnet im Unterlauf innerhalb einer sogar weniger mächtigen Folge mehrere Klimaschwankungen, ja gar die Lage im Grenzbereich eines Dauerfrostbodens aufzeichnen sollen.

Die »kaltzeitlichen« geologischen Indikatoren, unter anderem die Eiskeile, sind anders zu interpretieren. So fällt uns auf, daß die meisten »Eiskeile« (in den Photographien) an vorgezeichneten, kleintektonischen Störungen in die Tiefe setzen oder daß man nie einen Eiskeil schräg oder gar parallel zur Aufschlußwand feststellt. Ebenso können »Kryoturbationsformen« und »Aufpressungen« im Gefolge syngenetischer oder auch späterer subterraner Gleitvorgänge gedeutet werden – schließlich sind nach Ablagerung drei Kaltzeiten über das Sediment gegangen, ist Tektonik abgelaufen, gab es Quellphänomene in Tonen und Schluffen. Daß ein Felsblock mit 3,7 Tonnen Gewicht auf einer Eisscholle 100 Kilometer vom Spessart nach Wiesbaden driftete oder gar ein Muschelkalkblock aus Würzburg, ist eine zu unwahrscheinliche Annahme.

Wie im Sediment gibt es auch in der Fauna von Mosbach weder Schnitte noch Wechsel oder Abfolgen. Dies zu zeigen, wären die wenigen Meter Sediment sowieso nicht in der Lage. In einer solchen Mischfauna sind darüber hinaus Entwürfe zu einer Gliederung nach kälteharten bzw. wärmeliebenden Tiergesellschaften, selbst in Steppen- und Waldbewohner, unangebracht – ganz abgesehen davon, daß der damalige Elch wenig mit dem Lebensraum des heutigen zu tun haben muß. So darf es nicht verwundern, wenn Affe, Rentier und Flußpferd in ein und derselben Fundschicht registriert werden.

Literatur: BRÜNING 1970, 1972, 1974; HEIM 1970; KAHLKE 1961; MAI 1979; ROTHAUSEN & SONNE 1984; SEMMEL 1972; TOBIEN 1968.

Abb. 52 Ausgrabungs- und Bergungsarbeiten in der Altpleistozän-Lokalität Würzburg-Schalksberg im heißen Juli 1976 im Bereich des Fundaments der Universitäts-Nervenklinik. Es wird gerade im Bezirk der Knochenkombinationen (Abb. 54) geborgen. Das Gebäude im Hintergrund steht auf dem Gelände der Ausgrabungskampagne des Jahres 1966.

Abb. 53 Anschnitt einer Knochenhäufung im Sediment der Lokalität Schalksberg während der Ausgrabungen im Jahre 1976 (Abb. 52). Der hohle Knochen über dem Geologenhammer ist der Querschnitt eines Bison-Mittelhand-knochens.

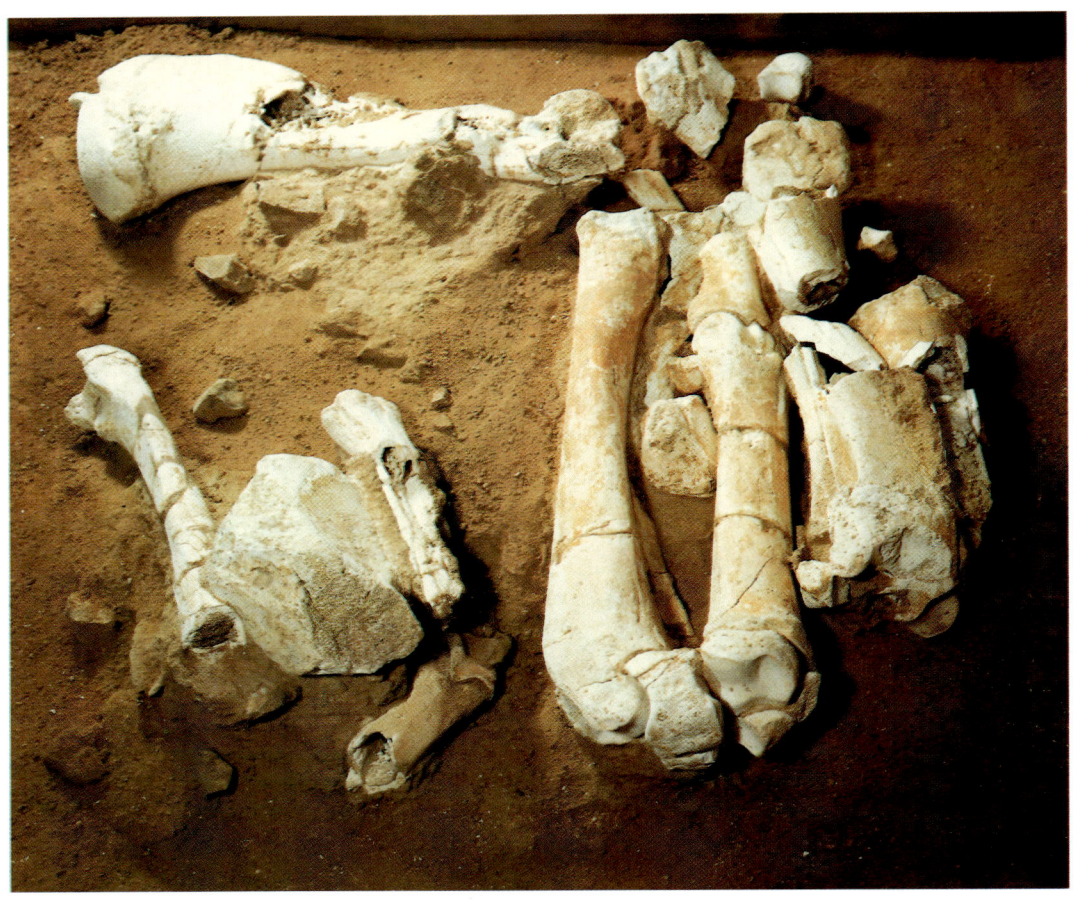

Abb. 54 Eine Knochenkombination vom Würzburger Schalksberg, die früher als Aasfresserdepot gedeutet wurde, heute aber als Werk des *Homo erectus heidelbergensis* aufgefaßt werden sollte. Es handelt sich um ein nahezu vollständiges rechtes Bison-Vorderbein (Bildmitte) und Relikte des vom selben Individuum stammenden linken Vorderbeins, um Knochen vom Hinterbein eines anderen Bisons (rechts) sowie eine Kniescheibe (Bildmitte), den Fußwurzelknochen eines Elefanten (links vorne), umrahmt von drei Hirsch-Extremitätenknochen. Hinten links der vom Heidelberger eingeschlagene (Abb. 55) und von Mäusen angebissene Bison-Oberarm. Beim offensichtlich gewaltsamen Aufbrechen des Bisonbeines wurden die Mittelhandknochen freigelegt (vorne). – Das ausführlich beschriebene Präparat (RUTTE 1982) ist in der Eingangshalle der Universitäts-Nervenklinik Würzburg in Höhe und Lage der Fundsituation ausgestellt. (Aufnahme Weber)

Abb. 55 Der Bison-Humerus im Präparat (Abb. 54) ist mit einem stumpfen, schweren Gegenstand geöffnet worden. Die Anordnung der Knochensplitter rings um das Loch beweist den in Richtung Markhohlraum geführten Schlag. In den offenen Knochen ist später Flußsand gelaufen. – Rechts eine vermutlich von kleinen Nagern (Mäusen?) entfernte Knochenpartie. (Aufnahme Weber)

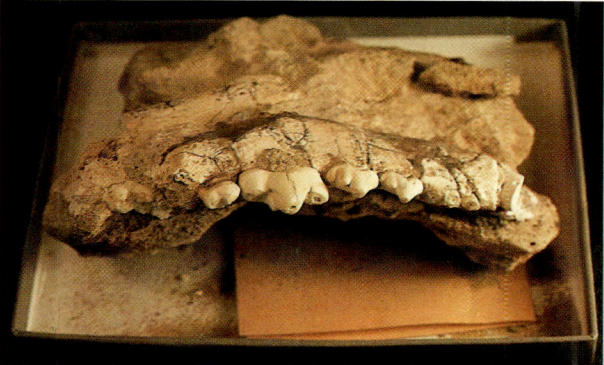

Abb. 56 Die Spitzen der Zähne eines Wolf-Unterkieferastes vom Schalksberg sind auffällig abgerieben. Es könnten die Benutzungsspuren einer vom Heidelberger gebrauchten »Säge« sein.

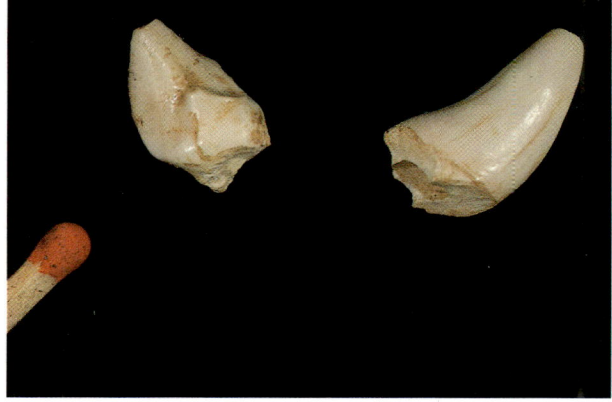

Abb. 57 In der Sandlage eines hohen Fundstellenniveaus fanden sich in der Schalksberg-Ausgrabung im Jahre 1966 mehrfach die abgebrochenen Spitzen von Raubtierzähnen. Es kann sein, daß sie beim Gebrauch von Raubtierunterkiefern als Sägeinstrument angefallen sind.

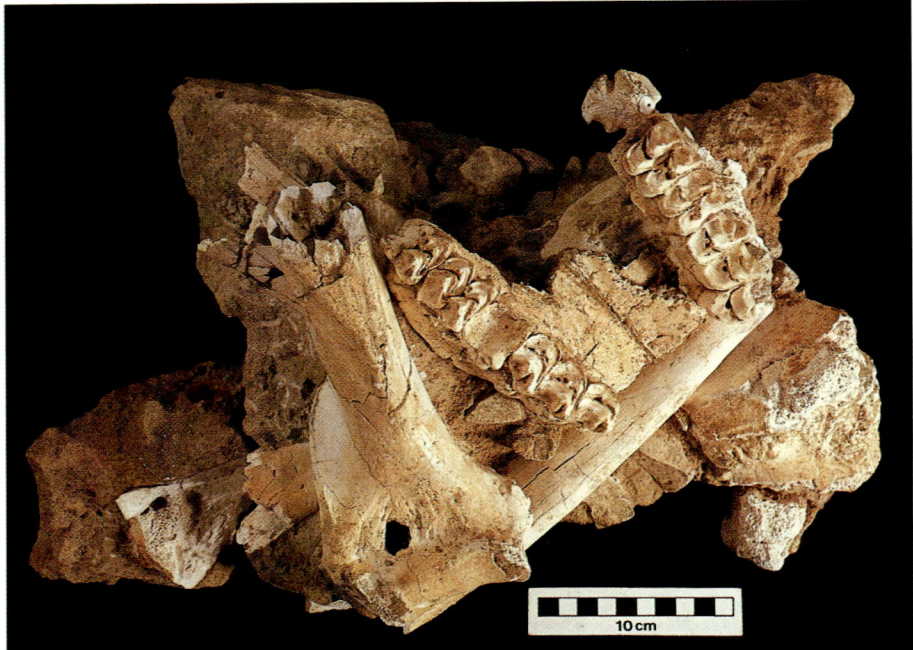

Abb. 58 Eine Knochenkombination vom Würzburger Schalksberg, höchstwahrscheinlich vom *Homo erectus heidelbergensis* zusammengestellt. Im Blick von oben sind zu erkennen: links der Humerus eines Bären, im rechten Winkel dazu der helle Schaft des Metacarpus eines Elches, der wiederum den Zahnreihen und der Gaumenplatte eines Elches aufliegt. Rechts unten der Metapod eines Elefanten; links herausragend ein Stück vom Metatarsus eines Bisons. (Aufnahme Keck)

Abb. 60 Die Donau vor Mauthausen (220 m NN). Blick stromauf in Richtung Linz. Standort ist die 45-Meter-Terrasse über dem Granitsteinbruch.

Abb. 61 Blick in die Gegenrichtung auf den von der Donau gekappten Granit. Im Vordergrund die maximal faustgroßen Älteren Deckenschotter auf Granit und unter mächtigem Löß.

◁ Abb. 59 Eine Auswahl repräsentativer Gerölle vom Würzburger Schalksberg bietet helle Quarzgesteine, schwarzen Kieselschiefer, Alemonit (Mitte unten) und diverse Hornsteine. Die größten Formate erreichen Hühnereigröße (rechts oben).

Abb. 62 Die Sande und Kiese der Niederterrasse im Spessart-Maintal sind bei Bürgstadt manchmal reich an Wirbeltierresten, vor allem an Zähnen des Wollhaarnashorns und auch Mammuts.

Abb. 63 Blick von der Vogelsburg in der Volkacher Mainschleife nach Osten auf die Reblage Escherndorfer Lump, den Main und die Flugsandfelder in der Niederterrassen-Niederung vor Astheim. Hinter Volkach am Horizont die Keuperstufe des Steigerwaldes.

Abb. 64 Der Auslauf des Bodensees in den Hochrhein bei Stein am Rhein. Blick vom Thurgauer Seerücken nach Westen auf Öhningen (rechts) und die vom Jüngeren Deckenschotter gebildete Platte Hohenklingen-Wolkenstein. Der Untersee ist durch Stirnmoränen des Bodenseerheingletschers abgedämmt worden.

Abb. 65 In der Sohle des Altmühltales unterhalb Dietfurt werden die Mäander der Altmühl vom König Ludwig I-Kanal durchschnitten. In Bildmitte der Umlaufberg Wolfsberg, dahinter Dietfurt, rechts daneben das Mühlbacher Tal. Die Altmühl führt (links hinten) nach Kottingwörth. Auf der impaktischen Nivellierungsfläche, vorn unten, Flügelsberg. (Freig. Reg. Oberbayern Nr. GS 300–8489)

Abb. 66   Der Rheinfall von Schaffhausen. Blick vom rechtsrheinischen Neuhausener Ufer nach Südosten. Über dem Fall, auf Malmkalkfelsen, Schloß Laufen. Der Fluß biegt im Mittelgrund fast im rechten Winkel in westsüdwestlicher Richtung (nach rechts) ab. Aufnahme bei relativ starker Wasserführung im Juni 1985. (Aufnahme Mittelbach)

Abb. 67   Die Versickerung der Donau von Immendingen-Möhringen (unterhalb der Gabelung der Bahnlinien) in einer Schluckphase während des Sommers 1985. Zwei Tage vor der Aufnahme war der Wasserspiegel noch über einen Meter hoch. Das hier versitzende Wasser kommt nach 11,7 Kilometern unterirdischen Weges in der Aachquelle wieder zutage und fließt über die Radolfzeller Aach zum Bodensee und in den Rhein. (Aufnahme Mittelbach)

Mauer bei Heidelberg – der Fundort des *Homo erectus heidelbergensis*

Der Fundpunkt des neben dem *Archaeopteryx* wohl populärsten mitteleuropäischen Fossils liegt nicht in Heidelberg, sondern zehn Kilometer südöstlich, bei Mauer an der Elsenz (Abb. 51) in Schottern und Sanden, die vom altpleistozänen Neckar am Südende einer ab Neckargemünd fast sechs Kilometer tief nach Süden vorgetriebenen Schlinge abgelagert worden waren. Ähnlich wie der Main hatte sich im Ältestpleistozän auch der Neckar tief in den dortigen Buntsandstein eingeschnitten. Desgleichen erfolgt im Altpleistozän eine Talaufschüttung. Nach deren Ablagerung – es handelt sich um die Mauerer Sande – wird die Schlinge abgeschnitten. Die in der Schlinge manchmal in über 30 Metern Mächtigkeit überlieferten Schotter und Sande sind eine Mischung aus Neckar- und Elsenzmaterial, mit einem hohen Anteil an Muschelkalk. Ihm ist letztlich die Erhaltung der Relikte des damaligen Lebens zu verdanken, denn er neutralisierte die knochenzerstörenden, aggressiven Buntsandsteinwasser.

Der Heidelberger Anthropologe Schoetensack hat mit bemerkenswerter Beharrlichkeit fast 20 Jahre in der durch reiche Säugetierfunde schon früher bekannten Sandgrube am Grafenrain (Abb. 68) nach Resten des fossilen Menschen gefahndet. Am 21. Oktober 1907 war es soweit: vom Heidelberger – von Schoetensack bereits 1908 *Homo heidelbergensis* genannt – war ein solider, vollständiger Unterkiefer gefunden. Die Fundsituation ist in einer von Schoetensack 1907 veranlaßten Photographie festgehalten worden. Aus dem Bild lassen sich genügend geologisch-sedimentologische Eindrücke ablesen:

In schön hergerichteter, über 25 Meter langer, aber übermäßig steiler Grubenwand sind auf fast 20 Metern Höhe (inklusive der Löß-Deckschichten) die Mauerer Sande zu sehen. Schon der erste Blick läßt erkennen, daß es im süddeutschen Altpleistozän ähnlich ruhige Bildungsbedingungen nicht gibt. Die ebene Grubensohle ist von zahllosen Spuren der Fuhrwerke gezeichnet; die Gesteinsart ist allerdings nicht auszumachen. Zehn Meter hinter zwei gut gekleideten Herren steht ein stämmiger Arbeiter mit Schürze und Schaufel, den Blick auf den Photographen gerichtet, der aus etwa 25 Metern Entfernung von einem sechs Meter über der Grubensohle gelegenen Punkt aus belichtete. Neben dem Arbeiter steht ein hohes, in Richtung Wand geneigtes Sandsieb in einem beachtlich großen Haufen gesiebten Sandes. Davor, im Fuß der Wand, eine Ausbruchnische. Ungefähr zwei Meter über der Basis ist in die Photographie ein Kreuz in weißem Kreis eingezeichnet: die Fundstelle.

Die Interpretation der Grubenwand ergibt von oben nach unten:

5 m   Löß und Lößlehm – es sind vier Braunhorizonte zu vermuten.

5 m   Sande – mit zahlreichen, streng horizontal angeordneten, maximal dezimeterstarken Kalkverkittungslinsen und -lagen und, im unteren Drittel, ein auf zwölf Meter Distanz in Richtung Süden ausdünnender Keil von eineinhalb Meter eines dunklen, tonigen Sandes; die Dachfläche ist horizontal.

2 m   Standfeste, dunkle Schicht, vermutlich ein sandhaltiger Ton mit Andeutungen von Schichtung, horizontal. Sie gibt der Wand den Halt. Im Basisbereich ist in schmalster Treppe eine über den gesamten Aufschluß führende, horizontale Bohlenlage gelegt – vielleicht eine Schubkarrenbahn.

1,7 m Weniger dunkle Schicht, vermutlich ein tonreicher Sand, mit deutlicher horizontaler Schichtung.

5 m   Helle, massig absondernde, ungeschichtete Sande, Dachfläche horizontal. Fundkomplex des Heidelberger Unterkiefers.

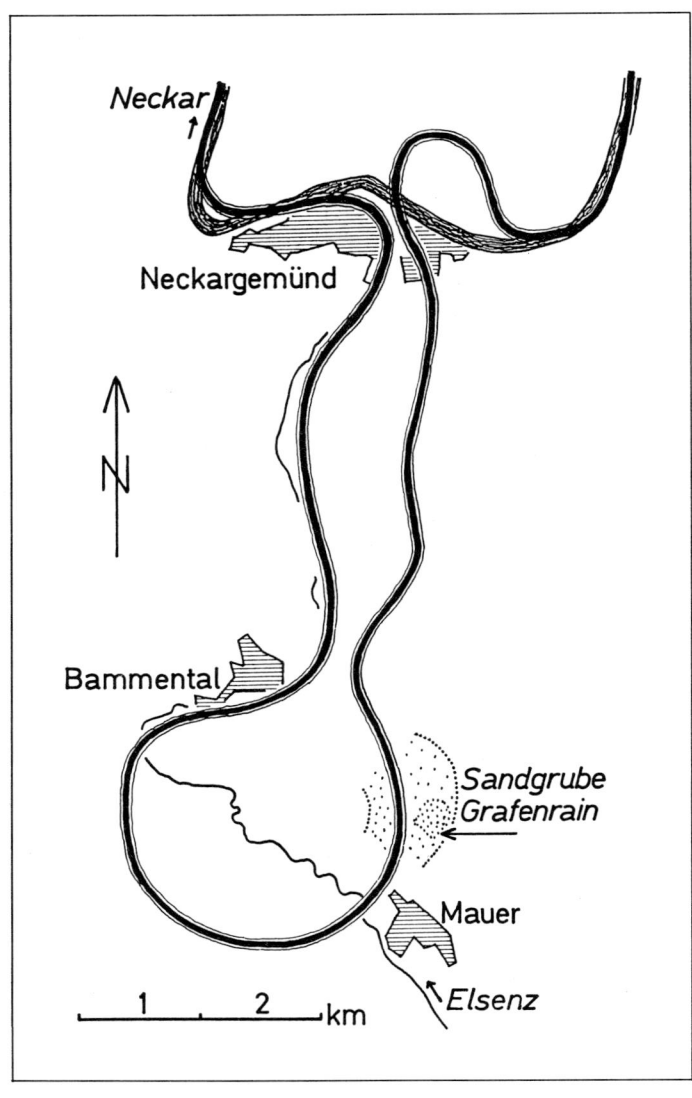

Abb. 68 In der Sandgrube am Grafenrain in der Mauerer Neckarschlinge sind zahlreiche altpleistozäne Säugetiere und 1907 der Unterkiefer des *Homo erectus heidelbergensis* gefunden worden.

114

Die nach diesem Erfolg intensivierte Suche blieb hinsichtlich Menschenfossilien ergebnislos. 1908 waren von Mauer 14 Säugerarten bekannt; in späteren Jahren kamen noch 14, meist Kleinsäuger, hinzu (Abb. 48). Die Fundhäufigkeit hatte nachgelassen, weil der Sandabbau in Bereiche jenseits vom Stromstrich gelangt war. Im übrigen waren – mit der einzigen Ausnahme eines vollständigen Hirsch-Skelettes – die Funde, meist Unterkiefer und Extremitätenknochen, von der Strömung vereinzelt worden.

Literatur: BECKSMANN 1957, 1966; CZARNETZKI 1983; VON KOENIGSWALD 1983.

Zwei Großsäuger-Fundstellen bei Heilbronn

Auch im Umland von Heilbronn hatte sich der ältestpleistozäne Neckar tief und in weiten Schlingen in den Muschelkalk eingeschnitten. Gesteuert von weiträumigen tektonischen Bewegungen der Heilbronner Mulde, die bis ins Jungpleistozän andauern, wird im Altpleistozän im Zuge der üblichen Talaufschüttung aufgefüllt.

Die Sedimente sind dort als Hochterrasse in Resten in der heute nur noch von der Zaber durchflossenen Lauffener Schlinge und südwestlich Frankenbach im Norden von Heilbronn in immerhin 35 Meter Mächtigkeit erhalten geblieben. Die Geröllkomponenten – Buntsandstein bis Jura – stammen aus den Einzugsgebieten von Neckar und Enz. Frankenbacher wie Lauffener Fundgebiet (Abb. 51) haben in allochthoner Lagerstätte eine typische Altpleistozän-Fauna geliefert (Abb. 48); im Unterschied zu Mauer jedoch ohne Kleinsäuger. Am häufigsten sind die Waldelefanten *antiquus*, Pferd, Rothirsch, Reh und Bison. Als bisher einziger Nachweis in einer mitteleuropäischen Cromerfauna ist das Schaf dokumentiert.

Literatur: ADAM 1977; BACHMANN & GWINNER 1971; WAGNER 1961.

Der stille Weg der altpleistozänen Donau

In den altpleistozänen Zeiträumen, zwischen der ältestpleistozänen Taleintiefung und der Schüttung der ersten glazial überprägten Fracht, den Deckenschottern im Mindel, hinterläßt die Donau zwischen Quelle und Wien – abgesehen von den in Eichstätt im Talbodenniveau hinterlegten Schottern der Talaufschüttung – nirgends Dokumente, weder Schotter noch Terrassen oder Fossilien. Es ist die zeugnisärmste Epoche der Donaugeschichte. Offenbar sind die Hinterlassenschaften von den nachfolgenden glazifluviatilen Wassern entfernt, im Talstück der Altmühldonau eventuell umgelagert worden.

Die Annahme, die Donau habe zeitweise ab Ulm einen 20 Kilometer weiten Südbogen über die Iller-Lech-Platte von Burgau über Zusmarshausen nach Rennertshofen geschlagen – um in dortigen Schottern einen erhöhten Malmkalkanteil zu erklären –, hat sich zerschlagen, weil es sich um von alpinen Zuflüssen in der Oberen Süßwassermolasse aufgearbeitete Auswurfmassen des Rieseereignisses handelt.

Literatur: SCHAEFER 1980; TILLMANNS 1977, 1980.

10. Mittelpleistozän

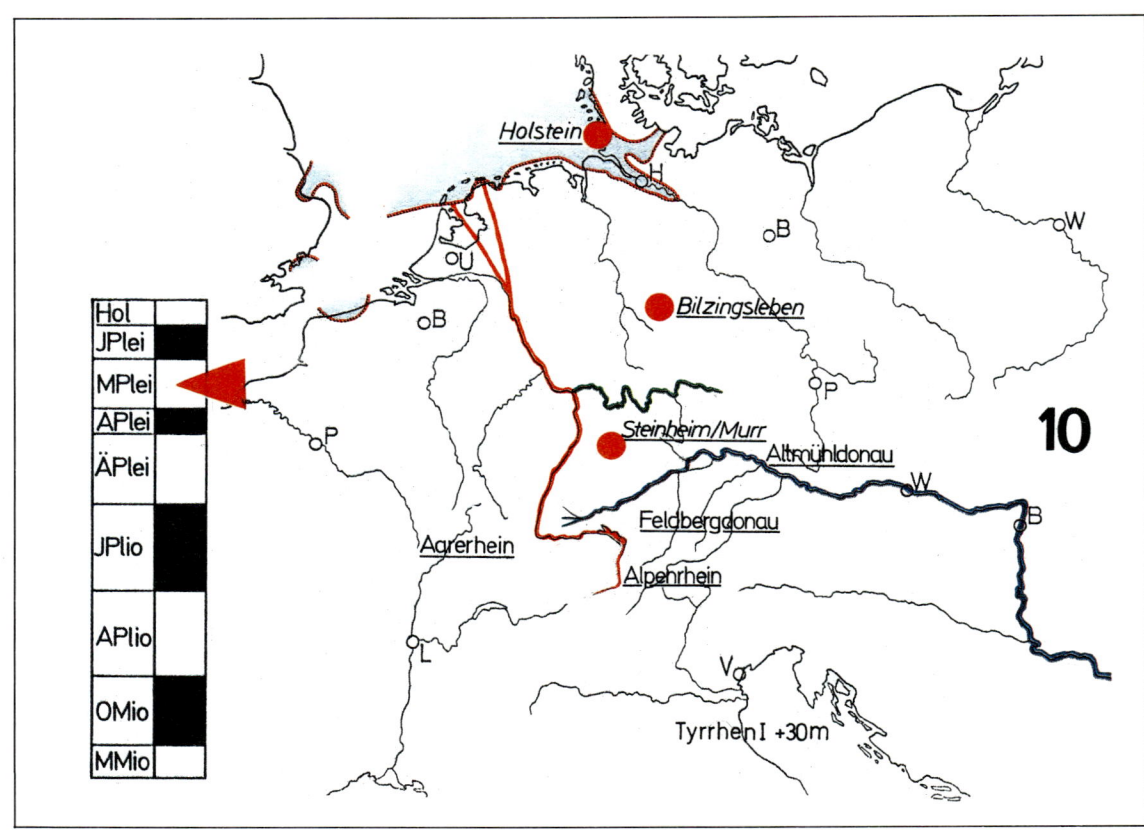

Alpenrhein und Hochrhein werden angelegt – Eiszeiten Mindel und Riß zumeist durch Schotter und Terrassen ausgewiesen – Laufverkürzungen der Donau – Ende der Altmühldonau – Holstein überall mit warmzeitlichen Fossilien – Menschen-Funde von Steinheim/Murr und Bilzingsleben/DDR

116

Mindel – die erste Eiszeit

Mittelpleistozän – das bedeutet nicht Mitte des Pleistozäns, vielmehr, in mehr oder weniger willkürlicher stratigraphischer Einteilung, die Zeiträume der ersten und zweiten Eiszeit (Mindel und Riß) mit der dazwischenliegenden Warmzeit Holstein, die früher Mindel-Riß-Interglazial genannt wurde. Nach den zur Zeit gängigen Altersschätzungen leitet das Mindel etwa das letzte Drittel des Pleistozäns ein; in absoluten Jahreszahlen ausgedrückt, lag der Beginn des Mindel vor 690 000 Jahren.

Es ist hier nicht der Platz, die anderwärts ausgiebig behandelten Probleme bei der Gliederung des Eiszeitalters zu erörtern und zu begründen, weshalb wir nur drei extreme Eisausdehnungsphasen, getrennt von ungleich längeren und wärmeren Zeitspannen, wie übrigens auch in Norddeutschland, anzunehmen gezwungen sind. Nirgends ist es gelungen, unzweifelhafte geologische Belege für eine vorausgegangene vierte, geschweige weitere, noch frühere Eiszeiten aufzuzeigen.

Im übrigen war weder in Süd- noch in Mitteldeutschland die erste Eiszeit von streng arktischem, weithin das Leben ausmerzendem Gepräge. Dies mag auch aus dem Befund abgeleitet werden, daß der Frühmensch *Homo erectus*, zuletzt und räumlich nächst im Altpleistozän des Maintals in Würzburg beobachtet, jetzt bereits 150 Kilometer nordöstlicher (innerhalb des vom Mindel-Eis überdeckten Areals) in den holsteinzeitlichen Ablagerungen von Bilzingsleben bei Erfurt nachgewiesen wird.

Alpenrhein und Hochrhein werden angelegt

Die besten Dokumente zur Beurteilung der Überführung des Alpenrheins, der bislang nach Norden zur Feldbergdonau führte, über den damals noch nicht vorhandenen Bodensee nach Westen zum Aarerhein finden sich am Schienerberg. Dieser bugartig den Zellersee vom Untersee spaltende Molasserücken ist Typlokalität für die beiden Deckenschotter – den ersten Zeugnissen eines glazifluviatilen Terrassensystems.

Der Ältere Deckenschotter findet sich in umfangreichen Relikten einer Schotterplatte auf den höchsten Höhen zwischen 680 und 710 m NN – mit rund 30 Metern Mächtigkeit. Es sind grobe, zu Nagelfluh verbackene Schotter aus alpinen Kalken und Dolomiten, Quarziten und Sandsteinen – mit zwei bis drei Prozent Kristallinanteil.

Als Beginn einer Schottertreppe ist der Jüngere Deckenschotter in den Älteren eingeschnitten. Wir finden ihn – mit der Basis in 600 m NN, den höchstgelegenen Vorkommen in 690 m NN Höhe – in einer veränderten Zusammensetzung vor. Die basalen Schotter, gewöhnlich 20–30 Meter mächtig, enthalten bereits zehn Prozent Kristallin; dies zeigt, daß im alpinen Liefergebiet neue, tiefere Gesteinsbereiche angeschnitten worden waren. Die darüber lagernden Geschiebemergel und eine Moränendecke beweisen, daß der Mindelgletscher den Schienerberg erreicht hatte. Etliche Schotterrelikte belegen, daß die Schmelzwasser vom Schienerberg aus nach Westen in Richtung Schaffhausen abgeflossen sind.

Zur Zeit des Jüngeren Deckenschotters ist das Gletscherwasser bereits in Rinnen gefaßt. Das Gefälle vom Schienerberg nach Schaffhausen beträgt vier Promille. Die Rinnensohlen gehen glatt über alle Verwerfungen hinweg – ein Zeichen, daß Tektonik bei der Steuerung keine besondere Rolle gespielt hat.

Die Vereinigung mit dem Aarerhein – die Geburt des Rheins – dürfte über die wahrscheinlich von einem Nebengewässer längst vorbereitete Anzapfung des im Areal zwischen Thurgauer Seerücken und Schienerberg (300 Meter über dem heutigen Rheinniveau) angesammelten Deckenschotterwassers erfolgt sein. Sofort beginnt sich die 300 Meter tiefere Erosionsbasis des Oberrheingrabens bei Basel auszuwirken.

Literatur: HANTKE 1980; SCHREINER 1980; WAGNER 1961.

Am Wendepunkt bei Basel

Im Hochrheingebiet zwischen Wehramündung und Basel ist der Ältere Deckenschotter wiederholt mit Basis zwischen Höhen von 380 bis 410 m NN anzutreffen. Das sind bis zum Schienerberg eine 100 Kilometer lange Strecke und 300 Meter Höhenunterschied. Typlokalität ist der Humbel bei Brennet: In einem sieben Meter mächtigen Schotter in 400 m NN Höhe mischen sich die ersten alpinen Glazialgerölle mit schwarzwälderischen Luckeschottern.

Am Südende des Oberrheingrabens werden später die Relikte des Älteren Deckenschotters zusammen mit dem Sundgauschotter tektonisch verstellt. Der Versuch, Äquivalente im Oberrheingebiet zu fassen, gelingt am Isteiner Klotz. Dort liegt Älterer Deckenschotter auf dem (Isteiner) 400-Meter-Niveau. Dieses Niveau erstreckt sich nun auf gleichbleibender Höhe, allerdings schotterfrei, beiderseits in den Vorbergzonen sowie im Kaiserstuhl bis in die Emmendinger Vorbergzone hinein, um dort zu enden. Da steht es mit den folgenden, tieferen Niveaus ein wenig besser, denn sie reichen viel weiter nach Norden und haben auch alle ein gleichmäßiges Nordgefälle. Aber sie liegen größtenteils über dem Niveau des Straßburger Altpleistozäns. Natürlich hat auch hier die Tektonik die Hand im Spiel.

Einwandfrei ist vor Basel der Jüngere Deckenschotter zu fassen. Auf der rechten Hochrheinseite, zwischen Oberschwörstadt und Karsau, liegen die Vorkommen in Höhen zwischen 352 und 378 m NN, auf der linken zwischen 360 und 380 m NN. Nördlich vom Isteiner Klotz könnte man zunächst das Hummelberg-Niveau in 360 m NN, ab Freiburg das Tuniberg-Niveau in 320 m NN Höhe als Fortsetzung ansehen. Sie schneiden in das 400 Meter-Niveau ein. Es folgen, untereinander-ineinandergeschachtelt und nur nördlich Freiburg entwickelt, Niveaus in Höhen von 270, 240 und 220 m NN. Sie mögen in den Zeiten Ende Mindel bis Holstein entstanden sein.

Erst die Hochterrasse läßt sich im direkten Bezug zum Bodensee-Gletscher eindeutig dem Riß zuordnen – aber nur im Hochrheingebiet. Denn wenige Kilometer nördlich Basel taucht sie unter die jungpleistozäne Niederterrasse, als Reaktion auf rheingrabeneigene tektonische Bewegungen.

Rheinabwärts nur Terrassen

Unterelsaß und Vorderpfalz zeigen im Randbereich zum Rheintalgraben eine Reihe von – nicht näher einstufbaren – Terrassenrudimenten. Nur eine Talwegterrasse ist deutlicher ausgeprägt. Über ihren Anschluß nach Norden wird sie als Riß datiert. Im Grabenbereich des unteren Oberrheintals ist die mittelpleistozäne Dokumentation auf wenige, überdies uncharakteristische Sedimente beschränkt. Es fehlt das anderwärts übliche Terrassensystem. Die Ursachen sind wohl Lage und Beschaffenheit des Flußbettes: Über eine überaus breite Fläche muß unter geringem Gefälle ein weicher Sand-Kies-Grund überwunden werden. Es werden zwar große Massen bewegt, aber es wird nicht eingeschnitten.

In den Tiefbohrungen des Karlsruher Raumes ist der mit den Mindel-Deckenschotter-Gewässern kommende Schwall an einer auffälligen Größenzunahme der Gerölle über dem unter ganz ruhigen Verhältnissen gekommenen Altquartär auszumachen. Dieses untere Kieslager wird oben von einer Zwischenschicht aus feinkörnigem, gelegentlich gar torfigem Material abgeschlossen. Man kann darin das Erlahmen der Transportkraft im nachfolgenden Holstein sehen. Ein Mittleres Kieslager mit einer weiteren Zwischenschicht könnte der Kombination von Riß und Eem entsprechen, zumal das Obere Kieslager höchstwahrscheinlich mit der Würmvereisung parallelisiert werden kann. Nach alledem sollte diese dreimalige starke Schüttung die drei alpinen Vereisungen Mindel, Riß und Würm bestätigen.

Im Tal des Mains sind Bildungen des Mittelpleistozäns nicht bekannt. Hingegen wird im Mainzer Becken im Anschluß an die Ablagerung der Mosbacher Sande eine Älteste Mittelterrasse aufgeschottert. Wie die nächsttiefere Mittelterrasse ist sie mangels Fossilien keiner bestimmten Pleistozänstufe zuzuordnen. Doch muß die Bildung vor dem Riß stattgefunden haben, nachdem die Talwegterrasse in 85 bis 105 m NN Höhe, verbreitet zwischen Mainz und Wiesbaden bzw. Bingen und Rüdesheim, im Riß entsteht.

In der unteren Hälfte des Mittelrheintales formiert sich die weitgehend belagfreie, dreigliedrige Terrassentreppe der Mittelterrassen. Die untere kann als Äquivalent der Talwegterrasse angesehen werden; nur liegt sie, tektonisch verstellt, unterschiedlich hoch und bis zu 70 Meter höher als im Mainzer Becken. Auch im Niederrheingebiet findet sich eine wahrscheinlich im Mittelpleistozän entstandene, manchmal viergliedrige Terrassentreppe des Rheins, dort jedoch mit starkem Schotterbelag, auch mit Rinnenbildungen und etlichen torfig-tonigen Einschaltungen (Frimmersdorf; Krefeld-Kempener Schichten). Noch sind die höchsten Schotter die älteren, die tieferen die jüngeren – in den Niederlanden kann es dann umgekehrt sein.

Im Holstein sind die Niederlande (Abb. 25) Auffangfläche für die bunten Sandschüttungen von Rhein und Maas (Formation von Urk). Sie verzahnen sich küstenwärts mit dem Needien, Serien tonig-sandiger Schichten, reich an Florenresten und Pollen, gelegentlich auch Skelettresten von Elefant, Nashorn, Flußpferd, Hirsch und Schwein. Die besten Fundstellen liegen im Ijsseltal.

Die Eismassen der Rißvereisung hatten nahezu das gesamte südliche Nordseebecken erfüllt und im äußersten Rheinmündungsgebiet verschiedentlich sogar die vorher aufgeschüttete Talwegterrasse überfahren. Nur das Gebiet der Braunen Bank und das der Southern Bight zwischen der Rhein-Maas-Mündung und East Anglia blieben eisfrei. Wie schon in der Mindelzeit richteten sich die Flüsse durch den Ärmelkanal in den Atlantik.

Literatur: BIBUS 1983; BRUNNACKER & BOENNIGK 1983; DOPPERT et al. 1975; KAISER 1961; NEUFFER & IGEL 1983; ROTHAUSEN & SONNE 1984; STREIF 1985; ZAGWIJN 1974, 1979.

Zwei Fundstellen des Holstein-Menschen in Deutschland

Am Unterlauf der Murr, im Gebiet von Steinheim (nördlich Stuttgart), werden im Mittelpleistozän bis 20 Meter mächtige Sande und Schotter abgelagert – mit einem außerordentlich hohen Anteil an Säugetierrelikten. Die Fossilien gestatten die Zuordnung zumindest der unteren 10 Meter in das Holstein. 1933 wurde in der unteren Folge der Schädel einer etwa zwanzigjährigen Frau gefunden. Unangefochten galt das Fossil jahrzehntelang als erster und ältester Vertreter der *sapiens*-Gruppe in der Welt: *Homo sapiens praesapiens*.

Doch vor wenigen Jahren wurde der im gleichen Holstein existente *Homo erectus* von Bilzingsleben (Karte 10) entdeckt. Schon beginnen die Paläanthropologen die Schädelanatomie der Steinheimerin zu diskutieren, und es gibt Befunde, die eindeutig für *erectus* sprechen, allerdings neben solchen, die ebenso eindeutig von *sapiens*-Natur sind. Die Beschreibung der *Homo erectus*-Funde von Bilzingsleben – es sind Schädelstücke mehrerer Individuen und ein Backenzahn – und der Vergleich mit anderen Menschenfossilien lassen eine beachtliche Variabilität in Form und Maß der mittelpleistozänen Menschen erkennen.

Die Fundstelle Bilzingsleben findet sich 35 Kilometer nördlich von Erfurt in einem Travertinsand, abgelagert von einem extrem kalkhaltigen Fließgewässer auf einer 30 Meter-Terrasse nahe einem See. Bei den Ausgrabungen wurden neben den *erectus*-Relikten auch zahlreiche Skelettreste von Großsäugern, offenbar seine Jagdbeute, sowie Pflanzenreste holsteinischen Alters geborgen. Das archäologische Fundgut umfaßt Tausende von Steinartefakten, die zumeist aus Feuerstein, aber auch aus Quarz, Quarzit und Muschelkalk gefertigt wurden, sowie zahlreiche Geräte aus Geweih oder Knochen. Die angebrannten Knochen zeigen, daß der in Europa nördlichste Frühmensch das Feuer beherrschte.

Literatur: ADAM 1977; BLOOS 1977; CZARNETZKI 1983; VON KOENIGSWALD 1983; MANIA 1978.

Die Altmühldonau wird abgezapft

Die ersten Dokumente erhalten wir am Südrand der Schwäbischen Alb von drei Lokalitäten: von Riedlingen, dann aus dem Kirchener Tal zwischen Obermarchtal und Ehingen und vom Talzug zwischen Ehingen, Blaubeuren und Ulm. Es sind die Zeugen der Aufgabe der im Ältestpleistozän angelegten nordwärtigen Flußbögen. Im Riß ist das Eis bis auf sieben Kilometer vor Riedlingen gelangt – wahrscheinlich haben die von den oberschwäbischen

Abb. 69 Von der Altmühldonau zu Donau und Altmühl: ▷
1. Die Urdonau fließt ab Steppberg-Rennertshofen nach Nordosten über Wellheim nach Dollnstein in das heutige Altmühltal. Die Uraltmühl ist Nebenfluß. Die Altmühldonau schneidet in Großmäandern ein breites Tal ein. Im Unterlauf lagern sich Schotter in charakteristischer Mischung fränkischer und alpiner Gerölle ab.
2. Im Riß (Mittelpleistozän) zapft ein Vorläufer der Schutter bei Hütting die Altmühldonau an. Der Talabschnitt Hütting-Dollnstein fällt trocken.
3. Anschließend, noch im Riß, kürzt ein anderer bei Ingolstadt mündender Fluß diesen Schutter-Bogen ab und prägt den heutigen Donaulauf. Das Wellheimer Trockental wächst um die Strecke Steppberg-Hütting.
(Grafik: R. KLEIN-RÖDDER aus RUTTE 1981)

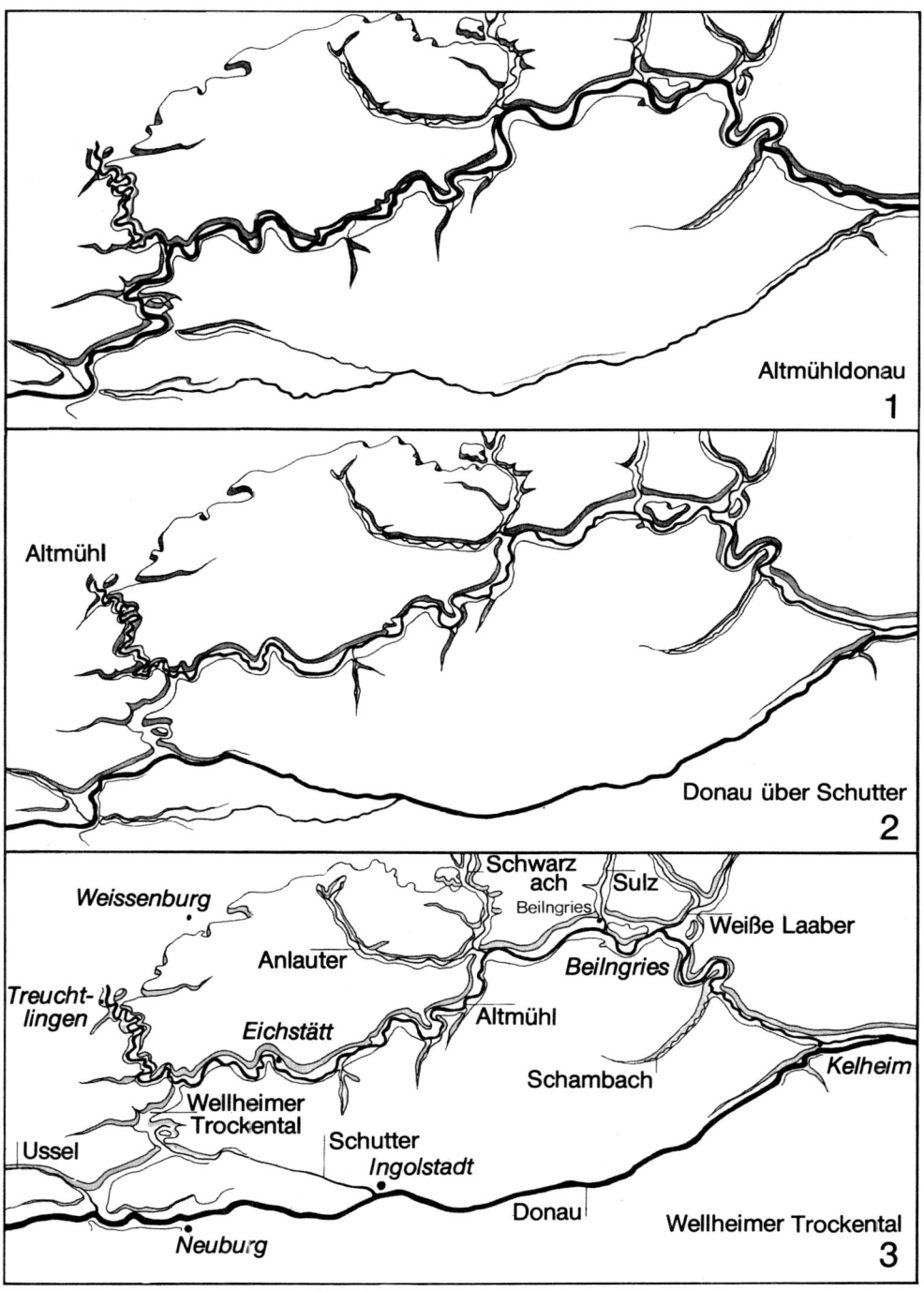

Altmühldonau

1

Altmühl

Donau über Schutter

2

Weissenburg

Schwarz ach

Sulz

Beilngries

Weiße Laaber

Anlauter

Beilngries

Treucht-lingen

Eichstätt

Altmühl

Schambach

Kelheim

Wellheimer Trockental

Ussel

Schutter

Ingolstadt

Donau

Wellheimer Trockental

Neuburg

3

Gletschern kommenden Wassermassen allgemein ausgeräumt und nur in den entlegeneren Schlingen da und dort etwas liegen gelassen.

Zur Erinnerung an die Donau weist der verlassene Kirchener Talzug noch sechs Meter mächtige Schotter auf. Sie bestehen überwiegend aus alpinen Geröllen, dann Malmkalk, aber auch zu einem Prozent aus Schwarzwaldkomponenten. Da sich die Schotter mit rißzeitlichen Donauterrassen verknüpfen lassen, ist der Zeitpunkt der Aufgabe als Ende Riß markiert. Gleiches gilt für einen der reizendsten flußgeschichtlichen Beiträge, den ebenfalls verlassenen Talzug zwischen Ehingen und Ulm. Heute wird das Blaubeurer Tal von Schelklingen aus nach Osten von der Ach und ab Blaubeuren von der Blau durchflossen. Hingegen wird der westliche Talabschnitt, der von Schmiechen über Allmendingen nach Ehingen reicht, von der Schmiech benutzt – aber entgegen der Fließrichtung der ehemaligen Donau.

Die bedeutendste Veränderung aber ist die Aufgabe des Talzuges der Altmühldonau (Abb. 69). Das Wellheimer Tal wird trocken gelegt und die Altmühl damit einem nun viel zu großen Tal überlassen. Die Gletscherwasser der Rißvereisung überwältigen zunächst das Tal und hinterlassen am Eingang bei Rennertshofen ein paar Schotter. Doch gleich danach schwemmen sie das meiste Material heraus und hinterlassen nur dort, wo gesteinsbedingte Talweitungen sind (Abb. 31 und 40), Umgelagertes: in der Essinger und Kelheimer Bucht. Zum letzten Mal mischen sich im Altmühltal fränkische mit alpinen Schottern – es sind die berühmten Talsohleschotter.

Nach deren Ablagerung wird das Tal von der Donau verlassen. Auslösendes Moment ist wohl die Eintiefung des Weltenburger Nebenflusses in Konsequenz der glazifluviatilen Wasserzunahme. Ein zum Albrand parallel laufender Nebenfluß, ein Vorläufer der heute bei Ingolstadt mündenden Schutter, hatte in rückschreitender Erosion die Altmühldonau bei Hütting angezapft (Abb. 69.2) und zum heutigen Donautal Ingolstadt-Kelheim umgelenkt. Noch machte aber die Donau um Neuburg herum den Bogen Steppberg-Hütting-Ingolstadt. Die Altmühldonaustrecke Hütting–Dollnstein fällt trocken.

Damit nicht genug! In der nächsten Phase wird dieser Donau-Schutter-Bogen von einem winzigen Nebenflüßchen bei Steppberg (Abb. 69.3) angeschnitten und die Donau in die gegenwärtige Bahn gebracht. Die seitdem wasserleere Altmühldonau-Laufstrecke zwischen Rennertshofen und Dollnstein wird zum Wellheimer Trockental (Abb. 38 und 39). Die derart verkürzte Donau wird vom Weltenburger Nebenfluß (Abb. 24, 26 und 69) beim Eintritt in die Malmkalkfelsen bei Weltenburg aufgenommen. Sie zwängt sich in die Weltenburger Enge (Abb. 40), in die längst vorgegebene, fertige, nicht ihr angemessene Talschlucht.

Auch das Ende der Altabens (Abb. 23) und die Umlenkung der Abens von Abensberg in Richtung Westen nach Eining fällt in den Zeitraum zu Ende des Riß. Die trockengelegte Mündungsstrecke wird zum Hopfenbachtal (Abb. 26). Die Anlässe dieser umfangreichen geographischen Veränderungen sind unbekannt. Die Frage ist, ob es Zusammenhänge mit der Aufgabe der Einmußer Schotterschlinge (Abb. 29) gibt. Unbekannt sind übrigens auch die Gründe für die zwischen Ulm und Vilshofen fehlende Übereinstimmung in der Terrassen-Abfolge und -Höhenlage zwischen nördlichen und südlichen Donau-Nebenflüssen.

Literatur: BINDER 1983, 1984; GEYER & GWINNER 1979; TILLMANNS 1977, 1980; WAGNER 1961.

Von Regensburg bis Wien – Schotterterrassen ohne Fossilien

Zwischen Regensburg und Vilshofen sind etwaige Deckenschotter-Äquivalente untergegangen und von der mächtigen Niederterrasse überdeckt. Die üblicherweise dem Riß zugeordnete Hochterrasse ist in beachtlichen Feldern beiderseits der Ausmündungen von Großer und Kleiner Laber, Aiterach und Isar sowie am Südrand der Straubinger Senke in Mächtigkeiten bis zu über 20 Metern überliefert.

Die besten Anhaltspunkte zur Interpretation der Flußgeschichte der Donau im Mittel- und Jungpleistozän geben die Terrassentreppen zwischen Linz und Wiener Becken. Leider gibt es, wie fast überall in Mitteleuropa – bis auf die jungpleistozäne Niederterrasse – keine zuverlässige paläontologische Bestätigung der morphologischen Befunde. Folglich sind Vergleiche der dortigen ersten glazifluviatilen Deckenschotter und deren Terrassenniveaus mit den im Bodenseegebiet registrierten noch nicht vorzunehmen.

Die erste sichere Verbindung zu erstem glazigenem Wirken stellt das Niveau des Älteren Deckenschotters. Wir fassen es zuerst und deutlich 45 Meter über der Donau auf dem donaunahen Granit von Mauthausen (Abb. 60 und 61), dann in den Typlokalitäten Hochstraßberg bei Melk, Langenlois und Gobelsberg bei Krems und Wienerberg in Wien. An der Traisen sind die Schotterfluren am Strom klar in deren überlieferte, in die Alpen weisende Aufschüttungsfelder einzubinden.

Dem Jüngeren Deckenschotter können zwischen Linz und Wien – am deutlichsten um Melk, Krems, Tulln und Wien – ein 25 bis 30 Meter-Niveau (Arsenal-Terrasse in Wien) sowie ein 17 Meter-Niveau (Terrasse westlich Seyring) zugeordnet werden. Oft sind sie weitläufig erhalten. Sie beinhalten die meisten Felsterrassen der Donau. Die Hochterrasse – mit Gänserndorfer- und Simmeringer Terrasse – erreicht die größte flächige Ausdehnung im nördlichen Marchfeld. Im Zuge jüngster tektonischer Bewegungen wurden die Ebenheiten öfters unter die heutigen Talböden gesenkt. Den Schottern, oft auch den älteren, höher gelegenen, sind im gesamten Donautal im nachfolgenden Eem die roten Böden der Göttweiger Verlehmungszone aufgeprägt worden.

Literatur: FUCHS 1980.

11. Jungpleistozän

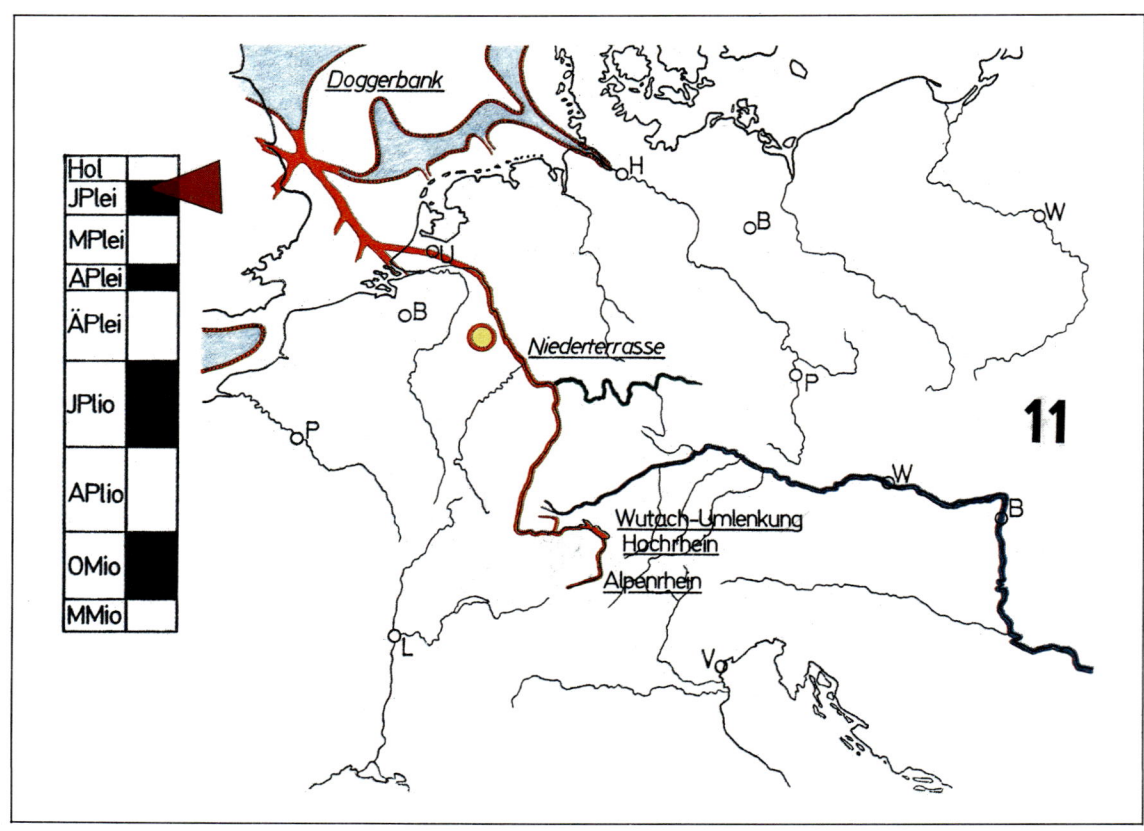

Glazialgeologische Probleme – Der Lebensraum des Neandertalers – Reichhaltiges Fossilien-Inventar – Überall die Niederterrasse – Der Bodensee, ein Werk des Rheingletschers – Der Rheinfall von Schaffhausen – Die Wutach köpft die Feldbergdonau – Der Rhein mündet am Westende des Ärmelkanals und später neben der Doggerbank

Zeit, Raum und Lebewelt

Der letzte Pleistozänabschnitt beginnt mit dem Eem vor ungefähr 80 000 Jahren und endet vor 10 136 Jahren. Die geologischen und die paläontologischen Daten aus diesen Zeiten sind übermäßig reich. Mit der Kohlenstoffisotopen-, der C^{14}-Methode, können wir die vergangenen 35 000 Jahre mit Jahreszahlen fassen. Seit vielen Jahren kümmern sich Legionen von Forschern um Aufklärung, und doch wissen wir noch immer viel zu wenig, sind keineswegs zufrieden. Zuviel ist rätselhaft und bereitet Probleme. Es gibt Einmaliges und Unvergleichliches.

So ist noch immer nicht geklärt, wie der glazifluviatile Haushalt geregelt ist. Wann gibt das Eis verstärkt Wasser ab? Wann gibt es die Spitzen in der Transportenergieversorgung? Beim Vorstoß? Beim Rückweichen? Und wie verknüpfen wir die weitgehend vom Gletschereiswasser initiierten Niederterrassenschüttungen von Rhein und Donau mit den völlig gleichartigen des Mains, der aus dem nicht vergletscherten Fichtelgebirge kommt?

Die maßgeblichen Impulse der modernen Quartärforschung gehen von österreichischen Geologen aus. »Der tradierte Ereignisablauf der letzten »Eiszeit« wird seit einiger Zeit mit einer stetig steigenden Zahl neuer Ergebnisse konfrontiert, die in ihrer wachsenden Geschlossenheit zu einem Überdenken der Sachlage anregen sollten und in naher Zukunft höchstwahrscheinlich eine durchgreifende Revision des bisher Geübten erfordern werden« – so Werner Fuchs; und er führt weiter aus:

»Aus Tiefseebohrungen bezogene Daten lassen das Ende des Riß-Würm-Interglazials (=Eem) etwa zwischen 85 000 bis 70 000 Jahren v. h. veranschlagen. Schon die weitgefaßte Zeitspanne macht ersichtlich, daß der Übergang von der Wärmeperiode in die anschließende Kältephase kein plötzlicher war. Breitenmäßige Verzögerungen und ein klimatisches Auf und Ab unterschiedlichster Amplitude mit langzeitlicher Tendenz zur Temperaturminderung hin lassen nur derartig verschwommene Grenzziehungen zu. Neben der Unsicherheit dieser Datierung herrschten im alpinen Raum bis vor kurzem aber auch recht unklare Vorstellungen über den Verlauf der Würm-Kaltzeit sowie die Dauer und zeitlich genau umrahmte Bedeutung ihrer Extremvereisung. Gewisse Anhaltspunkte für eine Unterbrechung durch eine Wärmeschwankung, ein Interstadial, innerhalb der Würm-Zeit waren gegeben. In den letzten Jahren ist deren Existenz in wachsendem Maße durch Fossilfunde und Radiokarbondatierungen aus dem Gebiet der Ostalpen, vom Tiroler Inntal ausgehend und nun schon fast alle großen Talschaften umfassend, bestätigt und gefestigt worden. Die Haupt- und tieferen Nebentäler waren erwiesenermaßen zwischen 39 000 und 25 000 Jahren v. h. eisfrei und nicht nur von bescheidenem Pflanzen- und Tierleben erfüllt. Das Vorkommen wahrscheinlich geschlossener Nadelwälder und das Auftreten von Großsäugern im Alpeninneren sind belegt (Höhlenbär, Elch etc. im Inntal). Die klimatisch günstigen Umweltfaktoren werden weiters durch gleichzeitige Höhlensinterbildungen erhärtet.

Die Temperaturmittel der Wärmephase im Würm waren demnach vermutlich höher als die gegenwärtigen, was der rubefizierte Lößverwitterungsboden von Paudorf und seine Schneckenfauna nahelegen. Es zeichnet sich immer offenkundiger eine zirka ab 50 000 Jahre v. h. erstmals greifbare und bis etwa 25 000 Jahre v. h. währende Unterbrechung der Würm-Kaltzeit ab. Die vorangegangene Klimaverschlechterung ist kaum aufspürbar, sie mochte deshalb wohl auch im allgemeinen weniger einschneidend gewesen und ohne Extremvereisung verlaufen sein. Dagegen weiß man seit einigen Jahren recht genau, daß sich das sogenannte Würm-Hochglazial auf die unvorstellbar kurze Zeitspanne von ca. 25 000 bis 17 000 Jahre v. h. beschränkte. In vormals ungeahnter Schnelligkeit hatten sich die im »Interstadial« vermutlich nahezu völlig verschwundenen Gletscher regeneriert und vergrößert, waren in die Haupttäler vorgestoßen, hatten sich über Pässe und niedrigere Bergkämme hinweg zum Eisstromnetz vereinigt und drängten darauf mit gewaltigen Gletscherzungen ins Vorland hinaus. Ebenso rasch zog sich das Eis nach einem um 20 000 Jahre v. h. feststellbaren Höhepunkt von den Jungmoränenwällen in der Ebene wieder zurück in die Seitentäler der Alpen, nach 17 000 Jahren v. h. während des beginnenden Eiszerfalles sind bereits inneralpine Beckenlagen eisfrei, um 13 000 Jahre v. h. ist die Rückkehr des Waldes in das Inntal dokumentiert und vor 9000 Jahren war das Eis längst aus den Hochtälern gewichen. Die klimagenetische Einmaligkeit des Vordringens der Würmgletscher mit kurzdauerndem Maximal- und länger anhaltendem Hochstand während der Phase extremer Vereisung ist für die Entstehung der Flurenfolge der Heutigen Talböden im ferneren Periglazialgebiet von ausschlaggebender Wichtigkeit.

Die Würm- (Eis- oder) Kaltzeit klassischen Verständnisses wird sich also im weiteren Verlauf der Ermittlungen im Alpenraum als überwiegend *warmzeitlich* geprägt erweisen. Das hat jedoch – geologisch heute noch faßbar – bestenfalls im Periglazialgebiet als dünne Bodenbildungen Ausdruck gefunden. Ansonsten verbirgt sich jene lange Zeit ohne nennenswerte Ablagerungen (einschließlich der Klimaverschlechterung zu Beginn des »Würms«) hinter nicht näher definierbarer Schichtlücke. Demgegenüber ist die zeitlich wesentlich geringer bemessene Dauer der extremen Eisexpansion des Pleniglazials ganz am Ende der Würm-Periode durch eindrucksvolle Erosionsvorgänge im Gebirge und bedeutende Akkumulationsbeträge im periglazialen Vorland unverhältnismäßig reich dokumentiert. Nach solch wesentlich gewandelten Voraussetzungen scheinen deshalb künftig kritische Überlegungen an bis jetzt kaum angefochtenen und meist immer noch als unumschränkt gültig erachteten Gliederungsprinzipien zunächst einmal für die Würm-Zeit angebracht, später dann aber auch per analogiam für die älteren Abschnitte des Pleistozäns und für das Oberpliozän im näheren und ferneren Alpenbereich unumgänglich. Man wird den vermeintlich sicheren Boden traditioneller Ansichten verlassen und wieder alle Ungewißheit neuer Grundlagensuche auf sich nehmen müssen, um dem frischen Erkenntnisstrom mariner und terrestrischer Quartärforschung in entsprechend einheitlichen Vorstellungsbildern gerecht werden zu können.

Fundamentale Veränderungen der Ausgangssituation müssen die Folge sein: Unter Berücksichtigung der wichtigen Resultate an der Paudorfer Verlehmungszone, deren innerwürmzeitliche Einstufung geologischer Kartierungserfahrung wegen unerschüttert ist, wird es in Hinkunft nicht mehr möglich sein, die gegenwärtigen Klimaverhältnisse des weiteren Alpenraumes als für ein Interglazial charakterisierend zu betrachten. Dafür ist die heutige postglaziale Phase zu kurz und bei Bedachtnahme der Bodenbildungen seither noch viel zu wenig verwitterungsintensiv.

Daraus ergibt sich die Notwendigkeit einer Neudefinition des Begriffes »Interglazial«. Wie die oben skizzierten jüngsten Erfahrungen lehren, wird dem die Tatsache, daß darunter zumeist Schichtlücken mit großem Zeitinhalt zu verstehen sind, gewisse Schwierigkeiten entgegenstellen. Weiters wird zu prüfen sein, ob der Terminus »Interstadial« (in bisheriger Fassung) noch haltbar ist. – Die Einschaltung eines so langen Wärme- und Verwitterungsintervalles nach vorausgehendem, wenig augenfällig ausgebildetem und daher schlecht eruierbarem Klimarückgang und vor dazu vergleichsweise zeitlich so bedeutungsloser Großvereisung erst am Schluß der Würm-Zeit, lassen es kaum sinnvoll sein, weiterhin von *der* Würm-Kalt- oder sogar -Eiszeit (s. l.) zu sprechen. Eine Erneuerung der Nomenklatur sollte Klarheit schaffen.

Gleiche Phänomene eröffnen bei aller gebotenen Vorsicht die Gelegenheit, Art und Weisen des Verlaufes der »Würm-Zeit« (= s. s. = während der Eisausdehnung) auch auf die Entstehungsmechanismen der älteren bekannten »Eiszeiten« zu übertragen. Zu bedenken ist indes auch dabei, daß die z. T. mächtigen Sedimente der jeweiligen Eisvorstoß-, -halte- und -abschmelzphasen nur den kleineren Teil des Zeitraumes selbst von ehemals repräsentieren und als Produkt außerordentlich extremer Klimabedingungen gelten müssen.

126

Weiträumige Gegenüberstellungen des Ereignisablaufes werden, neben der stärkeren Betonung breitenmäßiger und damit klimabedingter Unterschiede, künftig mehr Bedeutung der Verschiedenwertigkeit der Vereisungstypen schenken müssen. Ohne Zweifel war solcherart das alpine Eisstromnetz selbst zu Zeiten größter Expansion insgesamt merklich weniger mächtig und flächenhaft kleiner als der im einzelnen zwar auch aus individuellen Eisströmen zusammengesetzte, ungeheure Eisschild der Nordischen Vereisung. Die Vergletscherungen in den Alpen mögen deshalb ein wesentlich labileres Verhältnis zu Klimaschwankungen bezogen und auf Veränderungen eben zusätzlich ihrer südlicheren Lage wegen empfindsamer reagiert haben. Es wäre aus diesem Grunde falsch, der alpinen Situation gemäß in Bezug auf altersmäßig trennbare Endmoränenwälle und glazifluviatil geschüttete Terrassen *vier* oder, bezüglich der Zahl darüber hinausreichender klimatogener Terrassen an der Donau, etwa *noch mehr* »Eiszeiten« *weltweit* zu postulieren. Die sich auf die Gegebenheiten am Südrand des Nordischen Eises Eurasiens und Nordamerikas stützende Annahme, es hätten *global nur drei* Großvereisungen stattgehabt, würde indessen ein ähnlich verzerrtes Bild zeichnen. In Zukunft wird demgegenüber wohl die Anschauung vertretbar sein, daß drei sicher belegbare extreme Eisausdehnungsphasen in der zweiten Hälfte des Pleistozäns in allen Vereisungsgebieten der Erde über jeweils relativ knapp bemessene Zeitausschnitte maximale Flächen bedeckt hatten, getrennt von ungleich längeren und wärmeren Zeitspannen (inklusive der Interglazialperioden früherer Gliederungen) ohne nennenswerte geologische Überlieferung.«

Die Akkumulationen der verschiedenen Schotterfluren im periglazialen Bereich des weiteren Ostalpenraumes waren klimatogenen Ursprungs; sie liefen nämlich gleichzeitig mit der Reifung und Ausbreitung des Eisstromnetzes einher:

»Fast aller Schutt (verbliebene Reste von vormals und neu hinzukommender Abtrag) wurde während der kurzen extremen Kältewellen aus dem Gebirge verbracht. Im Verlaufe der anschließenden allmählichen Erwärmungen begannen die zuvor als Eis gebundenen, nun frei werdenden Wassermassen, durch reichliche Niederschläge eines humideren Klimas verstärkt, die Geröllkörper umzulagern. Randliche, mehr oder minder breite Leisten blieben davon verschont und bildeten später, nach erfolgter Unterschneidung, Terrassenvorkommen. Über die restlichen ihnen noch zugänglichen Talquerschnitte hinweg transportierten die Gerinne in grandios urzeitlich verwilderten Flußlandschaften das Schottermaterial ab. Klimarückschläge verursachten in den gletscherfernen Bereichen des Donauraumes keine neuerlichen Aufschotterungen, sondern unterbrachen bloß die in Gang befindlichen, weiträumigen Umlagerungen der während der Eisexpansionen abgesetzten Schotter und die damit gemeinsam voranschreitenden Tieferlegungen der Flußbetten. Eine solche Abwicklung des Geschehens in den etwa ersten Hälften von Warmzeiten läßt sich an Hand der geologischen Interpretation der Genese der Staffelfolgen der Jüngeren Anteile der Heutigen Talböden (= der Prater-Terrasse) an der Donau durchführen.

Höhepunkt warmzeitlicher Geschichte war wohl die vollendete Ausräumung der Täler (abgesehen von jetzt zu Terrassenresten gewordenen peripheren Talböden) und Absenkung der Erosionsbasen.

Bei Düsseldorf in Skelettresten, im Schwaben der Donau und vor allem im Umland des unteren Altmühltales in Artefakten ist der Neandertaler nachgewiesen. Er ist noch vor dem Würm-Eis nachkommenlos verschwunden, hat also von einer Eiszeit nichts gemerkt. Er hatte sicherlich bessere klimatische Gegebenheiten als wir heutzutage. Das wird unterstrichen durch die Nachweise des Flußpferds *Hippopotamus*, des Waldelefanten *antiquus* und des Nashorns *kirchbergensis* sowie Massierungen von Baumstämmen wärmeliebender Eichen, Ulmen und

Eschen in Rheinschottern um Mannheim in zehn bis 20 Metern Tiefe – unter der Niederterrasse. Doch seine Existenzzeit wie auch die Beziehung zu Eem und/oder Würm entziehen sich angesichts des Mangels an datierbaren Begleitgesteinen und -faunen weiterhin einer Beurteilung. Einen kleinen Altershinweis geben allein Artefakte in der Altmühlalb, die von würmzeitlichen Lößstürmen poliert worden sind.

Auch paläontologisch ist die stratigraphische Wende vom Eem zum Würm nicht markant. Die im Quartär sonst manchmal aussagestarken Kleinsäuger spielen keine Rolle. Die wärmeliebenden Großsäuger verschwinden im Eem in nicht näher definierbaren Zeiträumen. Zugleich sind schon alle populären Vertreter des Würm vorhanden, voran das Mammut *Mammonteus primigenius*, das Wollhaarige Nashorn *Coelodonta antiquitatis*, der Ur *Bos primigenius*, der Moschusochse *Ovibos moschatus*, das Rentier *Rangifer tarandus*, der Vielfraß *Gulo*, der Lemming *Lemmus* und der Riesenhirsch *Megaceros*. Aus der Niederterrasse von Schweinfurt wurden die Reste eines über drei Meter spannenden Geweihes – des größten der Erdgeschichte – geborgen. In den Höhlen sind der Höhlenbär *Ursus spelaeus* und die Höhlenhyäne *Crocuta spelaea* nicht selten.

Zeitweise leben die Säuger in gewaltigen Stückzahlen. Manche Kiesgrube im Mittelmaingebiet hat viele hundert Mammut-Molaren geliefert. Das Mammut, das Wollhaarnashorn und die Hirsche zeigen an, daß es im Periglazialgebiet keineswegs die früher angenommene, über Jahrzehntausende andauernde, schüttere Tundrenvegetation gibt, da sie alle auf ausgiebige Blatt- und Graskost angewiesen sind. Spuren des Grases erkennen wir übrigens in seinen Wurzelröhren im Löß – jenem Ausblasungsprodukt, das von den in Senken und Tälern angereicherten Schotterflächen kommt. Gras ist für die Ablagerung eines Löß unabdingbar: es fängt den Mehlstaub ein, hält ihn fest und verhindert weitere Verfrachtung.

Literatur: Fuchs 1980; von Koenigswald 1982, 1983; Wagner 1961.

Die allen Flüssen eigene Niederterrasse

Die Gewässer, die irgendwann im Würm den verbreitetsten mitteleuropäischen Schotter schütten – unseren Sand- und Kieslieferanten, Baugrund und einen unserer besten Trinkwasserspeicher –, vereinnahmen zunächst Zufuhren aus dem Oberlauf, dann alles in Tälern, Kesseln und Becken angesammelte fluviatile Material und breiten es in durchaus eigenwilligen, neuen Formationen aus. Die Vorstellung, sämtliche Niederterrassenschotter seien Schmelzwasserschüttungen und hauptsächlich aufgearbeitete Gletschermoräne, ist insofern irrig, als das Wasser, das die Main-Niederterrasse (Abb. 62) verteilt, aus dem zu keiner Zeit vergletscherten Fichtelgebirge kommt. Immerhin mag die auffällige Armut an Holzresten der Niederterrasse des unteren Oberrheines angesichts der unterlagernden Kiese mit ihren Wärmeindikatoren ein gewisser Hinweis auf kaltzeitliche Klimaverhältnisse sein.

Weite Niederterrassenfelder entstehen im Aufstau vor Engstellen, zum Beispiel im Donaumoos bei Ingolstadt-Neustadt vor der Weltenburger Enge oder auch vor Vilshofen. Um Straubing kommt der Sammeleffekt einer sich senkenden Region hinzu. Nach Engstellen kann sich andererseits der Schotter fächerartig ausbreiten, wie etwa nach dem Maintaldurchbruch bei Bamberg-Zeil auf der Fläche zwischen Haßfurt und Schweinfurt. Die Besonderheit der würmzeitlichen Rheinablagerungen um Schaffhausen ist der relativ hohe Anteil an Goldflittern.

Niederterrasse – das sind Oberrheinebene, Bienwald, Niederrheingebiet und die in zwei breiten Rinnen gefaßten Schüttungen von Rhein (und Maas) der Formation von Kreftenheye in den Niederlanden (Abb. 25), der Bamberger Kessel, die Untermainniederung, Donauried, Donaumoos, Straubinger Senke und mehrere tausend Kilometer Talboden an den Nebenflüssen von Rhein, Main und Donau (Abb. 63). Bei Nijmegen taucht sie unter die Ablagerungen des Holozäns. Bis zur Küste sinkt sie auf eine Tiefe von 25 m unter NN; sie war auf einen Meeresspiegel eingestellt, der schließlich, am Höhepunkt der Würm-Vereisung, auf etwa 110 Meter unter das heutige Niveau abgesunken war, weil das Wasser vom Eis gebunden wurde.

Literatur: DOPPERT et al. 1975; HANTKE 1980; VON KOENIGSWALD 1982; STREIF 1985; WAGNER 1961.

Der vom Rheingletscher ausgeschürfte Bodensee

Mit dem Zusammenschluß von Alpen- und Hochrhein beginnt sich die neue Erosionsbasis Oberrhein auszuwirken. Vom Deckenschotterniveau in 700 m NN Höhe am Schienerberg bis zu den tiefsten jungpleistozänen Rinnenfüllungen an dessen Fuß waren schließlich 300 Meter überwunden (Abb. 64), gewaltige Gesteinsmengen fortgeräumt worden und der Hegau bis auf die Vulkanruinen entblößt.

Der Bodensee ist das großartigste Beispiel von Glazialerosion im Voralpengebiet. Der bei Bregenz-Lindau nach Westen abbiegende Ast des Rheingletschers (Bodensee-Rheingletscher) hatte allein in Eisschurf-Leistung die am westlichen Ende sogar gegabelte Wanne des Bodensees ausgegraben – 60 Kilometer lang und bis zu 400 Meter tief. Die tiefste Stelle des primären Bodensees erreicht dort genau das Meeresniveau. Allerdings ist später der Erosionsboden mit Moränenmaterial, das beim Eisrückzug angefallen ist, sowie mit jungen Seesedimenten mehr oder minder mächtig überdeckt. Tiefbohrungen zeigen, daß unter dem 250 Meter tiefen Obersee (Spiegelhöhe 397 m NN) noch 150 Meter solcher jüngster Ablagerungen liegen.

Der Vorgang des Auslaufens des beim Eisrückzug gestauten nordwestlichen Bodensees über den Hegau zum Hochrhein ist durch entsprechende Terrassen belegt. Noch in geschichtlicher Zeit war der Untersee deutlich größer. Der römische Hafen in Bregenz liegt heute 300 Meter landein. Die Tiefbohrungen am Rande des Bodensees wie auch die geologischen Kartierungen haben gezeigt, daß Tektonik bei der Anlage der Senke keine entscheidende Rolle gespielt hat. Es ist deshalb sogar daran gedacht worden, die Anlage des Bodensees mit einem Meteoriteneinschlag in Verbindung zu bringen.

Literatur: GRAUL 1983; HANTKE 1980.

Der Rheinfall – Sturz in die Vergangenheit

Die geologische Karte von Schaffhausen weist in der Umgebung der Stadt mehrere breite, schottergefüllte Rinnen aus – von Vorläufern des Rheins als Schmelzwasserrinnen angelegt. Eine solche Rinne (200 bis 600 Meter breit und bis zu 50 Meter tief) reicht in nordsüdlicher Richtung von Schaffhausen über Ellikon zur Thur-Mündung (Abb. 70). Ihre Füllung ebenso wie auch ihre Jurakalkflanken sind mit Moräne bedeckt.

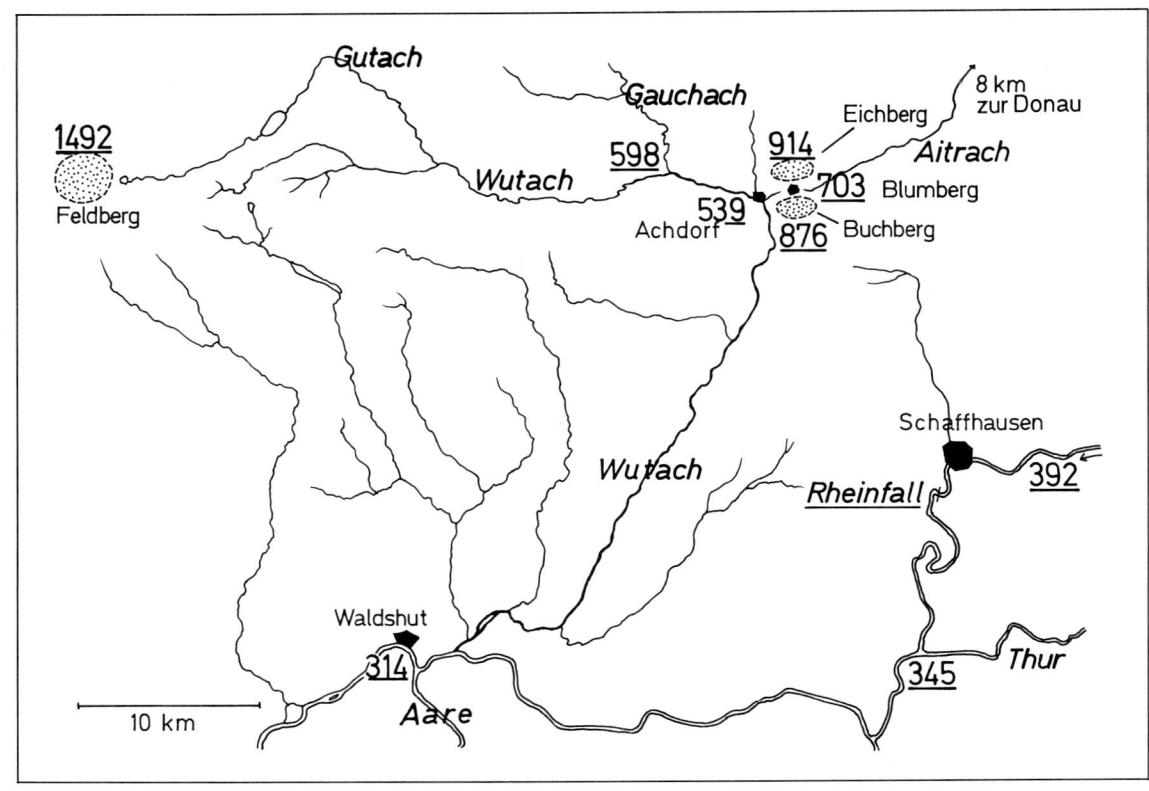

Abb. 70 Der Hochrhein zwischen Schaffhausen und Waldshut mit dem Rheinfall, der Wutach und anderen vom Schwarzwald kommenden Nebenflüssen sowie die Einmündungen von Thur und Aare. Ab Blumberg fließt die Aitrach im Tal früherer Donauläufe. Schotter der Aaredonau finden sich in 900 m NN Höhe am Eichberg. Das breite, 200 Meter tiefe Tal wurde, vom Hochrhein bei Waldshut ausgehend, über Achdorf von der Wutach geköpft und so zum Taltorso. Damit hatte die Feldbergdonau ihren Quellfluß an den Rhein verloren. Heute beginnt das Schleifebächle von Achdorf aus in Richtung Blumberg vorzudringen. (Zahlen = Höhenmeter NN)

Mit dem Rückzug des Rheingletschers aus der Schaffhausener Region gehen die Schmelzwasser zunächst über diesen Moränenschutt, tiefen sich dann aber ein. Da der neue Rhein
jedoch keineswegs exakt die Strecke des vorausgegangenen fließt, sondern in recht extremen
Schlingen pendelt, eine Folge seines geringen Gefälles seit dem Bodenseeauslauf, gerät er beim
heutigen Neuhausen aus dem harten Jurakalk auf die alte Talfüllung, räumt sie weg und stürzt
über den Rand hinab (Abb. 66). Wo er also sein ehemaliges Bett erreicht, entsteht im
Nebeneinander von hart zu weich und unter Ausräumung der leicht erodierbaren Rinnenschot-
ter ein Wasserfall mit 23 Metern Fallhöhe. Die alte Talflanke wird dabei bis auf die Felswand
freigewaschen.

Inzwischen hat sich der Rheinfall doch etliche Meter auch in den Jurakalk eingeschnitten
und die Fallkante 20 bis 30 Meter hinter die alte Talkante zurückverlegt. Diese vergleichsweise
geringe Leistung ist auf fehlendes schleifendes Geröll zurückzuführen – es liegt im Bodensee
und kann nicht hochtransportiert werden. Dafür sind unter dem Fall bis zu zwölf Meter tiefe
Kolke ausgewaschen worden.

Literatur: HANTKE 1980; WAGNER 1961.

Die Wutach köpft die Feldbergdonau

Eines der schönsten Beispiele für die Eroberung von Donau-Einzugsgebiet infolge Anzapfung
durch den Rhein stellt die Wutach. Sie kommt vom Feldberg im Schwarzwald, fließt zunächst
nach Südosten in Richtung Donau und macht dann über Achdorf ein jähes 100°-Knie. Bei
Waldshut, fast gegenüber der Aare, mündet sie in den Hochrhein (Abb. 70). Diesen Lauf gibt es
erst seit Ende Würm. Es ist das letzte spektakuläre flußgeschichtliche Ereignis.

Die Feldbergdonau war uns zum ersten Male in der Arvernensiszeit aufgefallen. Über das
gesamte Pleistozän hinweg war sie von den Quellflüssen aus durch den Bereich des Bonndorfer
Grabens (dort liegen Schwarzwaldgerölle) nach Südosten durch das Aitrachtal Blumberg–Hausen zur Tuttlinger Donauszene gezogen. Als Erinnerung daran ist uns das Aitrachtal (Abb. 11)
geblieben, die für die heutige kleine Aitrach viel zu breite und zu tiefe Senke. Dieser imposante
alte Talzug wurde 165 Meter über dem heutigen Achdorf angeschnitten und die vom Feldberggebiet kommenden Wasser werden nach Süden zum Rhein gesteuert. Der Oberlauf der Donau
wurde somit, wie die Geologen sagen, geköpft. Der Anlaß dürfte auf den Überlauf eines
Schmelzwasserflusses zurückgehen, dessen Anfang am Rande eines bei Kappel stehenden
Würm-Schwarzwaldgletschers lag. Der enorme Höhenunterschied – der Hochrhein erreicht
bei Waldshut ein Niveau von 314 m NN, während dies der Donau erst 490 Kilometer
flußabwärts bei Straubing gelingt – auf nur 38 Kilometer Distanz ermöglichte rasche und
intensive Erosion. Das Ausräumen war übrigens nicht schwierig, weil dort überwiegend weiche
Juragesteine das Gelände bilden.

Seitdem fließen die Wasser aus der weiteren Feldbergregion nach Süden in den Hochrhein.
Mittlerweile sind schätzungsweise zwei Kubikkilometer Gestein aus den neu geschaffenen
Schluchten der Wutach und Gauchach abgeführt worden. Und schon wird oberhalb von
Achdorf über das Schleifebächle der Blumberger Taltorso angezapft (Abb. 11).

Die Datierung der Vorgänge ist verhältnismäßig einfach. Da die Gletscherwasser vom Feldberggebiet, ausweislich der Moränen und der Gefällskurven, noch zum Höhepunkt der Würmvereisung zur Donau gingen, kann die Ablenkung nur danach, also Ende Würm, erfolgt sein.

Literatur: Geyer & Gwinner 1979; Hantke 1980; Krauter & Rother 1982; Wagner 1961.

Der Rhein wird Nebenfluß des Ärmelkanal-Urstroms

Im Eem – der Name kommt von einem Flüßchen, das im Gelderland in die Zuidersee mündet – hatte der eustatische Anstieg der Nordsee einen Teil der Niederlande überflutet (Abb. 25) und, gelegentlich auf Rißmoräne, muschelreiche Sande, auch Tone und Mooriges hinterlassen. Heute liegen solche Eem-Sedimente, von Niederterrasse überlagert, mit dieser zusammen in der Regel unter Normalnull. Kontinentales Eem ist aus dem Ijsseltal und aus dem Niederrheingebiet in den Mörser- und Gladbacher Schichten bekannt geworden.

Im Maximum der Würmvereisung war der Spiegel der Nordsee um etwa 110 Meter abgesunken. Die See war bis über die Doggerbank hinaus trocken gefallen. Ein Ostseegletscher hatte inzwischen Schleswig-Holstein und Helgoland überfahren und stand mit seiner Eisfront in der Deutschen Bucht. Ein Norwegischer Gletscher stieß über Skagerrak und Norddänemark quer über die Nordsee in Richtung Mittelengland vor; seine Südgrenze lag schließlich an der nördlichen Doggerbank. Dort prallten seine Flanken auf das Britische Eis, den Ostenglischen Gletscher, der nun aber an der Doggerbank vorbei nach Süden zum Humber drängte.

Im Geviert der Eisränder formte sich, hauptsächlich von Elbe, Weser und Ems gespeist, ein variabel begrenzter riesiger Eisstausee in einer Ausdehnung von etwa 200 × 300 Kilometern. Zwischen den Eisfronten und dem Wasser lag im Nordwesten das Doggerbankareal etwa in der Größe des heutigen Landes Schleswig-Holstein trocken; im Süden begann das Land inmitten der heutigen Nordsee auf einer Linie Helgoland–The Wash.

Der Rhein wurde von den nach Süden und Westen drückenden, teilweise in Urstromtälern gefaßten Schmelzwassermassen in den Ärmelkanal gedrängt. An dessen Beginn ging er in einen Humber-Urstrom ein. Nach Aufnahme von Maas, Themse, Somme und Seine entstand mit dem Kanal-Urstrom der größte europäische Fluß. Zwischen Brest und Cornwall mündete er in den Atlantik.

Literatur: Streif 1985; Valentin 1955; Woldstedt 1958.

Im Spätglazial mündet der Rhein an der Doggerbank

Nach den neuen, im Alpenraum manifestierten Erkenntnissen (siehe S. 125) sollte für das Würm-Hochglazial und die Ausdehnung des Skandinavischen und Britischen Eises eine wesentlich kürzere Zeitspanne als bisher angenommen unterstellt werden. Sicherlich wurde der Eis-Maximalstand nur wenige Jahrzehnte eingehalten.

Das Spätglazial beginnt vor ungefähr 17000 Jahren. Die Böden der Eismassen werden freigelegt. Nördlich und östlich der Doggerbank stellt sich nach und nach wieder die Nordsee ein. Im Süden hingegen – hier ist inzwischen der Eisstausee in Richtung Norwegen ausgelaufen – dringen die Festlandsgewässer auf ihren hauptsächlich aus Würm-Moränenmaterial bestehenden eigenen Schuttfächern erobernd nach Norden vor. Die Elbe mündet vor Dänemark, Weser und Ems in einer Nordsee-Querdepression, der Rhein wiederum, der den Kanaleingang zugeschüttet hatte, weit im Norden zwischen Doggerbank und York. Themse, Ouse, Nene, Welland und Humber sind seine Nebenflüsse. Das Landareal der Doggerbank ist Refugium einer üppigen Lebewelt: Mammut, Wollhaarnashorn, Wiesent, Ur, Riesenhirsch, Pferd, Ren, Wolf, Bär, Biber sind nachgewiesen und aus 14 bis 18 Metern Wassertiefe mit Saugbaggern herausgeholt worden.

Mit der ausklingenden Würm-Eiszeit bahnt sich die Entstehung der heutigen Nordsee an. Die Schmelzwasser überfluten und füllen nach und nach 110 Meter auf. Für die vergangenen 8600 Jahre gibt es ausreichende und verläßliche Altersangaben, mit denen der Anstiegsprozeß rekonstruiert werden kann. Zwischen 6600 und 5100 v. Chr. steigt der Meeresspiegel gleichmäßig und rasch von 46 auf 15 Meter unter dem heutigen an. Die Anstiegsgeschwindigkeit beträgt mehr als zwei Meter pro Jahrhundert. Die Doggerbankregion ist wohl um das Jahr 6000 v. Chr. vollends von der Nordsee bedeckt. Dann dringt die See bis zur gegenwärtigen inneren Küste vor und durchbricht den Ärmelkanal.

»Zwischen 5100 und 4500 erniedrigte sich die Anstiegsrate erheblich und sank auf durchschnittlich 65 Zentimeter pro Jahrhundert. In der Zeitspanne von 4500 v. Chr. bis zur Zeitenwende lag die Rate unter 35 Zentimeter pro Jahrhundert, wobei sich wechselnde Bewegungstendenzen abzeichnen. Besonders niedrige Anstiegsraten bzw. Stagnation charakterisieren die Zeitspannen zwischen 2800 und 2200 v. Chr. sowie zwischen 1300 und 300 v. Chr. Um 700 v. Chr. und um die Zeitenwende ist der Meeresspiegel vorübergehend abgesunken. Ab etwa 200 n. Chr. wird wieder ein Anstieg erkennbar.« (STREIF 1985).

Literatur: STREIF 1985; WAGNER 1961; WOLDSTEDT 1958.

12. Holozän

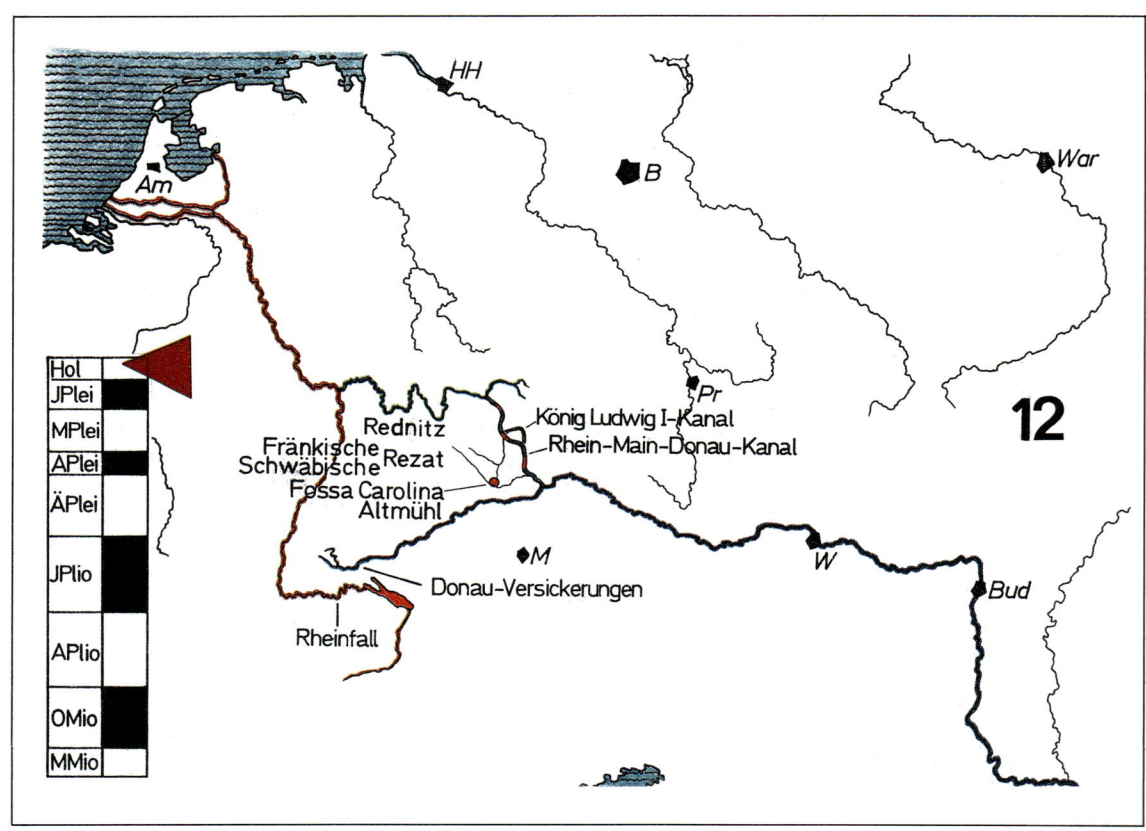

Hol	
JPlei	
MPlei	
APlei	
ÄPlei	
JPlio	
APlio	
OMio	
MMio	

Die Nachteile ungezügelten Fließens – Donauversickerungen – Eingriffe des Menschen – Die
Kanalverbindungen von der Donau zum Main

Der Mensch greift ein

Die Annahme, so große und so alt gewordene Flüsse wie Rhein, Main und Donau hätten ihren Lauf auf die den günstigsten Verhältnissen angepaßte Strecke und Tiefe eingerichtet, trifft nicht zu. Allerorten gibt es Ausnahmen. Denken wir doch nur an die naturgegebenen, meist tektonisch angelegten Stromschnellen bei Istein, Nierstein und Bingen oder an die »gewachsenen« Felsbarrieren im Malmkalk von Weltenburg, die nautisch sehr schwierige Flußstrecke zwischen Vilshofen und Passau, an das Eiserne Tor.

In der Rheinniederung vor Karlsruhe setzt der Rhein bis in 25 Meter Tiefe Material um. Im Schotter und Sand finden sich neben Fossilien des Jungpleistozäns die Gerätschaften des Menschen der Bronzezeit. So können die pleistozänen Schüttungen nicht von denen des Holozäns unterschieden werden. Denken wir an die weniger attraktiven, in Millimeter pro Jahrzehnt ablaufenden, nichtsdestoweniger geologisch gravierenden, rezenten Absenkungen von Flußbett- und Talabschnitten wie bei Straubing, bei Lahr und vor Heidelberg. Im östlichen Rheintalgraben bei Karlsruhe liegt die Basis der Niederterrasse mittlerweile vier Meter tiefer als in der Vorderpfalz.

Im Mündungsdelta des Rheins kommt es ununterbrochen zu Küstenveränderungen von oft beachtlichem Ausmaß. Die St. Elisabeth-Flut vom 18. November 1421 hat bis südlich Dordrecht die Niederlande überschwemmt, den Biesbosch geschaffen, den Waal auf einen neuen Weg gelenkt und 72 Dörfer weggespült.

Die junge Donau verliert im Talabschnitt Kirchen–Hausen–Immendingen (Abb. 67)–Tuttlingen und 20 Kilometer flußab bei Fridingen viel Wasser in den klüftigen Malmkalken – in trockenen Sommern manchmal alles (Donauversickerungen). Nach 11,7 bzw. 18,5 Kilometern unterirdischem Weg durch das Kalkgestein tritt es in der Aachquelle (Aachtopf) östlich Engen im Hegau wieder hervor. Es ist die stärkste Quelle Deutschlands. Vereinigt mit sonstigem im Einzugsgebiet einsitzendem Niederschlag werden im Herbst mindestens 1300, im Frühjahr bis 24 800 Liter pro Sekunde gefördert. Für die Schüttungsintensität maßgeblich ist der Füllungszustand des Karstwasserspeichers: im Frühjahr ist er angefüllt; die Versickerung ist dann gering, die Schüttung aber hoch; im Herbst, wenn die Füllung wegen der geringeren Wasserführung der Donau weitgehend ausgelaufen ist, wird die Versickerung stark (manchmal total), die Schüttung aber gering bis mäßig. Das Wasser fließt als Aach über Singen und Radolfzell zum Bodensee und von dort in den Rhein.

Der unterirdische Weg führt durch mehrere Juraschichten. Weil diese stärker als der Karstwasserspiegel in Richtung Süden geneigt sind, muß das Schichtgebäude gewissermaßen nach oben durchströmt werden. Von Immendingen aus braucht das Wasser (174 Meter Gefälle) drei Tage, von Fridingen (145 Meter) acht Tage. Der Kalkgehalt nimmt dabei durchschnittlich von 120 auf 186 Milligramm pro Liter zu; das bedeutet, daß im unterirdischen Karst pro Jahr einige tausend Kubikmeter Kalkgestein aufgelöst werden.

Aus fließgesetzlichen Gründen hat sich der Fluß da und dort auf natürliche Weise nach irgendeiner Seite verlagert, gelegentlich auch begradigt. Seit Jahrhunderten ist es der Mensch, der, bemüht, das Wilde zu brechen, künstlich die Flußläufe verändert. Mit Regulierungen, Korrekturen, Begradigungen, Dämmen und Deichen hat er von der Quelle bis zur Mündung immer wieder neue Situationen geschaffen und damit aber auch verändertes und keineswegs immer freundliches Fließverhalten provoziert.

Groß waren die Bemühungen, die überstürzten Deltaaufschüttungen des Alpenrheins in den Bodensee in den Griff zu bekommen. Rohrspitz und Rheinspitz sind Zeugen der gewaltigen Massen von Sand und Geröll. Regelhaft wurden sie derart gehäuft, daß ein Weitertransport in den See hinaus unterbrochen war. Der Schutt blieb vor der Mündung liegen und erhöhte das Flußbett rapide. Gefährliche Ausbrüche und Überschwemmungen, aber auch die Anlage umfänglicher Dämme und sonstiger Schutzmaßnahmen waren die Folge. 1762 hinterließ ein Hochwasser fast zwei Meter Schlamm. 1821 brach am Eselsschwanz der Rhein zum Bodensee durch und erzeugte den Auslaß.

Nach langwierigen politischen Verhandlungen wurde 1900 ein künstlicher, die weit ausholenden Rheinschlingen abkürzender, knapp fünf Kilometer langer Durchstich zur Fußacher Bucht angelegt. Die Laufverkürzung – vorher waren es zur Rheinspitze 12,4 Kilometer – hat sich gelohnt. Bereits nach zehn Jahren war das Bett dort um zwei Meter eingetieft, wo der Rhein in den vorausgegangenen 50 Jahren um 2,8 Meter erhöht hatte und der Hochwasserspiegel sechs Meter über dem Hinterland liegen konnte. Der lästigen Versumpfung des Hinterlandes ist zunächst ein Ende gesetzt und die Gefahr gebannt, daß der Alpenrhein im Rückstau, 50 Kilometer flußauf, bei Sargans zum Walensee oder gar nach Zürich durchbricht. 1847 fehlten dazu nur noch zwei Meter.

Doch längst wird vor unseren Augen vor der neuen Mündung ein neues Delta in die Fußacher Bucht geschüttet. Mittlerweile hat es eine Länge von über 1800 Metern, das entspricht zweieinhalb Hektar Flächenzuwachs und einer Flußlaufverlängerung von 25 Metern pro Jahr.

Die auffälligsten Veränderungen erfolgten und erfolgen mit Schiffbarmachung, Niederwasserregulierungen, Vertiefungen der Fahrrinne, Anlage von Häfen, Kanalisierung, Seitenkanälen, Ausweichstellen, Ausgleichbecken, Durchstichen an Schlingen, Schleusenbauten und Aufstau, Wasserkraftwerken, Buhnen und Leitwerken, Hochwasserschutz mit Dämmen und Deichen.

Literatur: GEYER & GWINNER 1979; HANTKE 1980; SCHIRMER 1981; SCHREINER 1976; WAGNER 1961.

Die Fossa Carolina

Den ersten Versuch, den Rhein mit dem Main und der Donau durch einen Kanal zu verbinden, unternahm Karl der Große zusammen mit seinen Ingenieuren. Der Versuch ist im Jahre 793 gescheitert. Das für das Frühmittelalter unglaublich kühne Projekt sah vor, die niedrigste Stelle der Wasserscheide zwischen Altmühl im Süden und Schwäbischer Rezat im Norden – sie fließt in die Fränkische Rezat, mit dieser über Rednitz und Regnitz zum Main – mit einem drei Kilometer langen und 100 Meter breiten Graben zu durchbrechen. Der Ansatzpunkt an der Altmühl lag übrigens – junge Auffüllung – drei Meter tiefer als heute (Abb. 71).

Am höchsten Punkt der Wasserscheide (420 m NN) war eine Eintiefung um mehr als zwölf Meter im Opalinuston vorgesehen. Diese dunklen Schiefertone des Dogger-Alpha werden überall, wenn die Verwitterung eingreifen kann, plastisch und kommen nach Wasseraufnahme schon bei drei Grad Gefälle ins Rutschen. Im stark verregneten Sommer 793 begannen mehr als 5000 Leute den Graben auszuheben. Der schlüpfrige Opalinuston muß sehr große Probleme bereitet haben, denn die Arbeiten wurden abgebrochen.

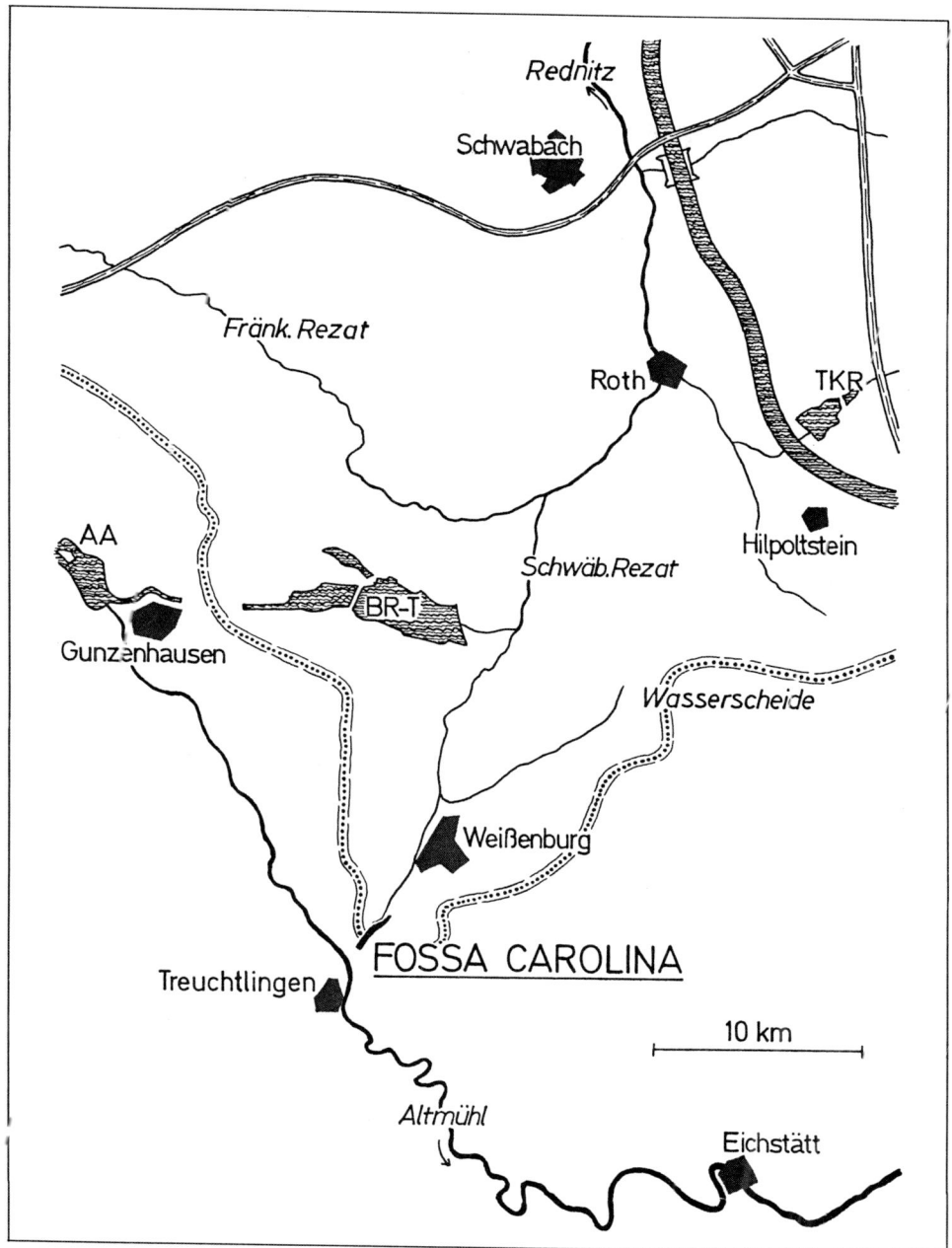

Abb. 71 Flußnetz und Wasserstraßenanlagen zwischen Altmühl und Rednitz. Die Fossa Carolina an der Wasserscheide von Donau und Main, zwischen Treuchtlingen und Weißenburg. Die geplante Main-Donau-Wasserstraße bei Hilpoltstein und Schwabach. (BR-T = Brombachtalsperre; TKR = Talsperre Kleine Roth; AA = Ausgleichsbecken Altmühl bei Gunzenhausen)

Es heißt, daß Karl der Große zum Jahresende 793 die halbfertige Arbeit deshalb einstellen ließ, weil im Herbst der Aufstand der Sarazenen und Sachsen dazwischen gekommen und sein Interesse am Kanal verlorengegangen sei. Wahrscheinlich wird es aber das Unvermögen gewesen sein, den Opalinuston zu beherrschen, das den Ausschlag für den Abbruch der Arbeiten gab. Durch den Graben ist also niemals Wasser geflossen. Es heißt auch, daß nach dem Dreißigjährigen Krieg von Eichstätt aus geplant worden sei, den Kanalbau fortzusetzen. Dies soll auch Napoleon ins Auge gefaßt haben.

Die Fossa Carolina (der Karlsgraben) ist heute beim Dorf G r a b e n nahe Treuchtlingen (Abb. 14) als wassergefülltes, rudimentäres Grabenstück zu besichtigen – 1230 Meter lang, acht Meter tief, mit neun Meter hohen Böschungen – das großartigste und älteste Denkmal technischen Geistes in Mitteleuropa.

Literatur: IRTENKAUF 1984.

Der König Ludwig I-Kanal

Die erste in einem Kanalprojekt verwirklichte Verbindung der Donau mit dem Main ist der Initiative von König Ludwig I. von Bayern zuzuschreiben (König Ludwig I-Kanal, Ludwig-Donau-Main-Kanal, Ludwigskanal u. ä.). Er wurde in den Jahren 1836 bis 1845 gebaut mit einem Regelquerschnitt von 18,10 Metern Dammkronenabstand, einer Wasserfläche von 15,70 Metern Breite, einer Wassertiefe von eineinhalb Metern und einer Sohlenbreite von 9,90 Metern. Im Jahre 1847 wurde er für den Verkehr freigegeben.

Von der Stadt Kelheim (338 m NN) bis nach Dietfurt wurde so weit wie möglich die untere Altmühl integriert (Abb. 31, 34 bis 36 und 65). Ab Ottmaringer Tal mußte jedoch ein Kanal in mehr oder weniger gewagter Trasse an Talflanken entlang gelegt werden, mit der Absicht, im Neumarkter Gebiet die Scheitelhaltung in 419 m NN Höhe auf der Wasserscheide Donau/Main zwischen Sengenthal und Burgthann zu haben. Für den Aufstieg waren 32 Schleusen nötig. Der Abstieg – über Nürnberg und Erlangen zur Regnitz bei Bamberg – machte 68 Schleusen erforderlich.

Das Bauwerk geriet erwartungsgemäß im Altmühltal, von Berching bis zur Scheitelhaltung, im Keuperland um Nürnberg-Erlangen, auch in den Sanden des Regnitztales. Die Kanalbrükken hielten stand, desgleichen die aus Sand-Kies-Material, meist Niederterrasse, geschütteten Dämme. Die zunächst üblichen Versickerungen des Kanalwassers wurden allmählich geringer, weil der im Wasser schwebende Tonanteil verstopfte (Selbstabdichtung). Oberflächlich hatte auch der Pflanzenwuchs konsolidiert.

Allerdings bereitete an anderen Stellen der Untergrund Probleme. Bei Essing waren – unerwartet – umfängliche Felsarbeiten im Massenkalk erforderlich geworden. Die mächtige Sand-Schutt-Füllung des Ottmaringer Tales war voll Wasser. Anderwärts machte die Abdichtung im Kalkstein-Gehängeschutt Schwierigkeiten; zur Behebung der Sickerverluste wurde deshalb Tonbrei eingerührt. Die größten Anstrengungen aber erforderte der Bau in den Kilometern der Scheitelhaltung in der Neumarkter Region und in den weitflächigen Ausstrichen oft extrem rutschfreudiger Tongesteine. Einer der dortigen Dämme mußte 934 Meter lang und 21 Meter hoch sein, ein anderer sogar (bei 321 Meter Länge) 31,5 Meter. – Sie wurden errichtet aus ortsständigem tonigem Aushub. Weil man außerdem viel zu steil böschte (eins zu

Abb. 72 Der Hafen Neumarkt/Oberpfalz des König Ludwig I-Kanals in einem zeitgenössischen Stich (etwa 1850). Blick gegen Osten auf die Stadt, die Ruine Wolfstein (links) und den Mariahilfberg.

eineinhalb), zu allem Überfluß auch noch den Ton mit wasseransaugendem Sand vermengte und überdies die spätere Setzung nicht berücksichtigt hatte, war es ein a priori riskantes Unternehmen. Doch mangels vergleichbarer Anlagen in dieser Region fehlten die Erfahrungen.

Besonders kritisch war die Situation am Hang des Schwarzachtales bei Ölsbach, einem altbekannten Rutschareal, wo der Kanal 35 Meter über der Talaue auf 500 Metern Länge teilweise über 20 Meter tief eingeschnitten werden mußte. Die Anlage ist von der Autobahn Nürnberg–Regensburg aus südlich der Ausfahrt Oberölsbach gut zu sehen. Schon 1839, während der ersten Baumaßnahmen, kam es zu Rutschungen. Sie verstärkten sich 1840. Im Winter 1841/42 rutschten nicht nur der Damm, sondern sogar ab der Mitte des Kanals die Auflage weg. Mühsam mußten die fortgeschlüpften Massen zurückgeholt werden. Dann kehrte Ruhe ein.

Im August 1843 konnte erstmals versuchsweise die Strecke Kelheim–Neumarkt (Abb. 72) benutzt werden. Am 25. August 1845 befuhren die Kähne, beladen mit Standbildern aus Kelheimer Kalk, vorgesehen für das Kanaldenkmal bei Erlangen, die Scheitelhaltung. Sicherheitshalber hatte man nur einen Meter hoch Wasser eingefüllt. Nichts passierte, doch die Ruhe war trügerisch, denn 1846 traten erneut Bewegungen ein. Der Damm hatte sich mit Wasser vollgesogen und war zu schwer geworden. Um das vom Berg kommende Wasser abzuführen, wurde ein Entwässerungsstollen angelegt. Bergseitig fünf Meter neben dem Kanal wurde ein Schacht abgeteuft und ein Stollen, acht Meter unter der Kanalsohle, 75 Meter zur Seite hinaus an die Schwarzachtalflanke geführt. Die Spiegelbreite mußte wegen des Opalinustons in der Scheitelhaltung verschiedentlich auf zehn Meter verengt werden, auch waren da und dort Stützmauern nötig. Bei Dörlbach führt ein fast 450 Meter langer und 15 Meter tiefer Einschnitt durch nicht minder labile Posidonienschiefer und Amaltheentone. Auch dort waren technisch aufwendige Maßnahmen nötig, um Rutschungen abzufangen.

So verwundert nicht, daß der Kanal schlußendlich 16 Millionen Gulden gekostet hat und damit der Kostenvoranschlag um 70 Prozent überschritten wurde. Dazu ein Kämmerer: »Ein Ergebnis, welches die dem Bau entgegenstehenden Hindernisse herbeiführten. Diese sind hauptsächlich in der geognostischen Beschaffenheit des vom Kanal durchzogenen Terrains zu suchen.« Der Kanal war, wenn auch in unterschiedlichem Ausmaß, bis zum Jahre 1945, also rund 100 Jahre, in Betrieb. Am stärksten war er in den ersten zehn Jahren frequentiert. Die Erwartungen des Königs hat er erfüllt. Die für den Bau der Befreiungshalle am Kelheimer Michelsberg bestellten wertvollen Marmore aus Siena und Carrara gelangten auf dem Seewege von Livorno und La Spezia über Gibraltar nach Rotterdam und über den Rhein, den Main und den Kanal ans Ziel. Eines der letzten spektakulären Ereignisse war der Transport der Ketten für die Kettenbrücke von Rotterdam nach Budapest.

Literatur: Birzer 1951, 1974; Gründer 1985.

Die Rhein-Main-Donau-Wasserstraße im Bau

Der heute noch im Bau stehende Main-Donau-Kanal folgt wie der Vorgänger bis Dietfurt dem unteren Altmühltal, auch dem Ottmaringer Tal und dem unteren Sulztal, führt dann aber nach Nordwesten in Richtung Hilpoltstein, wo er die Wasserscheide Main/Donau überwindet, und über die Strecke Roth–Nürnberg–Fürth in das Tal der Regnitz. In einer neunstufigen Schleusenkette werden 99 Kilometer, von der Altmühlmündung zur Hilpoltsteiner Wasserscheide 67,8 und von dort nach Nürnberg 93,5 Höhenmeter überwunden. Die Schleusen sind 190 Meter lang, um den modernen Schubverbänden Platz zu geben.

Neben seiner Verkehrsfunktion hat der neue Kanal wasserwirtschaftliche Aufgaben zu übernehmen und einen Ausgleich zwischen dem wasserreichen Süden und dem wasserarmen Norden Bayerns herzustellen. Elektrischer Strom aus Wasserkraftwerken versorgt die Pumpen, die auf der Kanal-Südrampe Wasser in einen Speicher nahe der Scheitelhaltung treiben (Abb. 71). Ein weiterer Speicher hält das Betriebswasser für die Schleusen bereit. Oberhalb von Gunzenhausen wurde das Ausgleichsbecken Altmühl errichtet. Hier wird bei höheren Abflüssen Wasser zurückgehalten und über einen Stollen in die große Brombach-Talsperre (in einem Seitental der Schwäbischen Rezat, 16 Kilometer nördlich der Fossa Carolina) geleitet. Dieses Zuschußwasser soll in Zeiten geringer Wasserführung der Donau eingesetzt werden.

Literatur: Seidel 1980.

Glossarium

Allochthon sind Bildungen, deren Fund- nicht mit ihrem Entstehungsort identisch ist; das heißt, sie sind in irgendeiner Weise transportiert worden. – Autochthon sind die an Ort und Stelle entstandenen bzw. noch am Entstehungsort befindlichen Bildungen.

Alluvionen (Alluvium, Auebildungen) sind junge, im Holozän – insbesondere in historischer Zeit – erfolgte lehmig-tonige Aufschüttungen in Talungen und an Küsten.

Braunkohle ist über den physikalisch-chemischen Prozeß der Inkohlung aus pflanzlicher Substanz entstanden. Abhängig von den Ausgangsstoffen, dem Verfestigungsgrad, Kohlenstoffgehalt, Anteil an Schwefel, Tonmineralen, Holz, Harz, Fremdmaterial und letztlich der geologischen Dauer der Reifung (Inkohlungsreihe zwischen Torf und Pechkohle) unterscheiden wir zahlreiche, meist von den lokalen Verhältnissen überprägte Varietäten. Die meisten Braunkohlenlagerstätten liefern wertvolle geologische Daten.

Die Brekzie ist ein Gestein, das aus überwiegend eckigen Gesteinstrümmern besteht, die durch verschiedenartige Bindemittel fest zusammengebacken sind. Die Komponentengröße spielt keine Rolle, von den hausgroßen Blöcken eines alpinen Felssturzes bis zur unterm Mikroskop nicht mehr auflösbaren Mikrobrekzie gibt es alle Übergänge. Dementsprechend finden sich Brekzien bevorzugt in Verwerfungszonen, bei Vulkanen und Impakterscheinungen, unter Steilhängen, am Fuß von Korallenriffen, in Karsthohlräumen und Salzauslaugungsgebieten.

Diskordant liegen verschieden alte Sedimentschüttungen dann, wenn sie an der Kontaktfläche unter einem bestimmten Winkel ungleichsinnig voneinander abstoßen (Winkeldiskordanz).

Eustatische Meeresspiegelschwankungen entstehen entweder durch die Auffüllung der Meere mit Sediment oder durch großräumige epirogenetische Bewegungen von Teilen der Erdkruste und der damit einhergehenden Neuverteilung der Meeresräume. Für unser Thema wichtiger ist der Entzug von Meerwasser durch Eis- und Gletscherbildungen während der quartären Eiszeiten bzw. die Auffüllung der Meere beim Auftauen in den Warmzeiten. Von einigen Mittelmeerküsten sind Minima von 200 Metern unter dem heutigen Wasserspiegel (»Römische Regression« im Mindel) bekannt. Doch dürfen wir nicht übersehen, daß mehr oder weniger lokale tektonische Bewegungen diese Schwankungen beeinflußt haben.

Das Geröll ist ein durch Wasserkraft (fluviatil, Brandung) gerundetes Hartgestein. Leitgerölle markieren das Einzugsgebiet eines Flußsystems noch in Hunderten von Kilometern Entfernung (alpiner Radiolarit, Kieselschiefer, Rhätsandstein u. a.).

Ansammlungen fluviatiler Gerölle sind Kies (überwiegend walnußgroß) und Schotter (überwiegend hühnereigroß), unterteilt nach fein und grob. Gerölle mit zwei bis sechs Millimeter Durchmesser werden gewöhnlich als Graupen bezeichnet.

Werden die Gerölle durch ein Bindemittel (Matrix) zum festen Gesteinsverband verkittet, entsteht das Konglomerat – im alpinen Bereich grundsätzlich als Nagelfluh definiert.

Flachscheibenförmige Gerölle liegen in fluviatilen Ablagerungen dachziegelartig so übereinander, daß die Achse schräg nach oben gerichtet ist; der höher liegende Teil des Einzelgerölles schaut in die Strömungsrichtung (Dachziegellagerung).

Graben (Grabenbruch) ist ein meist langer Schollenstreifen, der infolge von Dehnungsbeanspruchungen an ungefähr parallel laufenden Verwerfungen zwischen den benachbarten Hochschollen relativ eingesunken ist – im Gegensatz zum tektonischen Horst.

Impakt ist der Einschlag eines meteoritischen Körpers, seine geologisch-mineralogischen Effekte sind die Impakterscheinungen. Auf der Oberfläche des impaktierten Gebietes entstehen Hohlformen, die Krater und Astrobleme (Sternwunden), dazu besondere impaktogene Neubildungen in Form von Gesteinen, die von Ort zu Ort Lokalnamen haben können (Suevit, Alemonit u. a.). Das für Mitteleuropa bedeutendste Impaktphänomen ist das im Obermiozän erfolgte Rieseereignis.

Kalkkrusten entstehen unter ganz bestimmten klimatischen und lithologischen Voraussetzungen, im Mittelmeerraum gegenwärtig optimal bei 150 bis 300 Millimeter Niederschlag im Jahr (maximal

500 mm), Überwiegen der Verdunstung gegenüber dem Niederschlag bzw. der Wasserzufuhren, Möglichkeiten zur Verdunstung kalkhaltiger Lösungen in Hohlräumen, Poren, Auswaschungen, Spalten eines Kalk-Wirtsgesteins – und auf Gesteinsaußenflächen.

Karsterscheinungen sind alle in löslichen Gesteinen sich ausformenden Höhlen, Gerinne, Auswaschungen, Karstwassermarken, Versinkungen, die Sinterbildungen, die Kalktuffe, auch die Dolinen (Erdfälle). Sie alle liefern Anhaltspunkte für die Bestimmung der Flußwasserstände und der Höhenlage eines Vorfluters.

Konkretionen bilden sich zumeist innerhalb lockerer Sedimente aus zirkulierenden Lösungen im Zuge chemisch äußerst komplizierter Stoffaustauschvorgänge. Die Lösungen können während Alterungs- und Verwitterungsprozessen auf- oder absteigen oder auf porösen Leitbahnen lateral wandern. Es können aber auch im Festgestein Konkretionen entstehen. Ein meist kleiner Fremdkörper (Keim) dient als Ausgangspunkt; die Ausscheidungen wachsen nun meist schalig oder nierig vom Keim ausgehend nach außen. Dabei integrieren oder verdrängen sie das Wirtsgestein. Die Stärke der Anwachsschalen, die Dimensionen, auch die Gestalt sind abhängig vom Sediment, der Porosität, dem Chemismus der Lösungen, den physikalischen Werten und der Bildungsdauer.

Kreuz- und Schrägschichtungen sind die Folge wiederholt wechselnder Ablagerungsrichtung während der Entstehung eines Sediments. Im Wasser ändern sich die Strömungsverhältnisse, im äolischen Milieu die Windrichtung.

Leitfossilien sind charakteristische Organismen aus dem Tier- und Pflanzenreich, die bei relativ sehr kurzer geologischer Existenzzeit eine möglichst weite regionale Verbreitung haben. Sie markieren die gleiche Bildungszeit für die sie beinhaltenden Schichten und Gesteine. In der Pollenanalyse wird das Spektrum der Pollen von Blütenpflanzen im Hinblick auf Vegetation, Klima, Jahreszeiten u. ä. ausgewertet. In den Zeiträumen der Formationen Tertiär und Quartär haben die Vertreter der Wirbeltiere (Wirbeltierpaläontologie) eine weitaus größere Bedeutung als die der Wirbellosen; am wichtigsten sind die Säugetiere (Großsäuger und Kleinsäuger).

Die Lithologie befaßt sich (innerhalb der Petrologie) speziell mit den Sedimentgesteinen. Im marinen, brackischen, limnischen, fluviatilen, glazialen, fluviglazialen und im terrestrischen, kontinentalen wie auch Karst-Milieu entstehen Kalksteine, Sandsteine, Tone, Mergel – gewöhnlich in Schichten, Lagen, Linsen, aber auch als Überzüge, Krusten, Aufwehungen oder Überdeckungsbildungen.

Die Molasse, die örtlich mehrere tausend Meter mächtige Ablagerungsserie im nördlichen Vorland der Alpen (Molassetrog), ist aus dem Abtrag der aufsteigenden Alpen aufgebaut. Man unterscheidet Meeres-, Brackwasser-, Süßbrackwasser- und Süßwassermolasse. Die vor allem wegen Erdöl- und Erdgaslagerstätten, aber auch wichtiger Fossilfundstellen in den letzten Jahrzehnten intensiv untersuchten Folgen spiegeln die Bewegungsrhythmen der aufsteigenden Alpen. Feinsandig-mergelige, zugleich brackische bis marine Sedimente Ostbayerns und Österreichs sind der Schlier, die im Süßwasser abgelagerten hellen Fein- und Mittelsande Oberbayerns der Flinz.

Paläogeographie, die Rekonstruktion geographischer Zustände der Erdgeschichte, wird hier in zwölf Karten vorgestellt. Die Abläufe der Klimaverhältnisse, das Paläoklima, werden unter Verwertung paläontologischer, lithologischer und auch geochemischer Hinweise begründet; sie sind für die Beurteilung der Lebensumstände von Pflanze, Tier und Mensch von Bedeutung. Hinweise auf die Paläotemperaturen erhält der Geologe von Pollen, Floren, Algen, Schnecken, Bodenbildungen, Rotfärbungen, Kalkkrusten, Glazialrelikten u. v. a. m.

Sand ist ein immer lockeres Gestein aus beliebig beschaffenen Komponenten (Körner, Zerreibsel u. a.) in Korngröße zwischen 0,06 bis 2 Millimeter (unter 0,2 mm = Feinsand). Nach der Entstehungsart werden Fluß-, Flug-, Glazialsand, Sandlöß usw. unterschieden. Verfestigter Sand wird zum Sandstein, verfestigter Quarzsand zum Quarzit.

Schluff (Gesteinsmehl, Silt) nennen wir Lockermassen mit Korngrößen von 0,002 bis 0,06 Millimeter Durchmesser.

Stratigraphie, die Lehre von der zeitlichen Bildungsfolge der Schichten und Formationen, hat die Aufgabe, über organische Einschlüsse (Fossilien), tektonische, vulkanische und impaktogene Zeugnisse, aber auch Materialunterschiede der Gesteine nach ihrer zeitlichen Bildungsfolge zu ordnen (Tab. 1) und eine Zeitskala zur Datierung der geologischen Vorgänge und Ereignisse zu erstellen.

Tektonik ist die Lehre von den Ursachen und Abläufen strukturbildender Bewegungen in der Erdkruste und ihrer Auswirkungen auf die Schichten und Gesteine (Klüfte, Verwerfungen, Falten, Flexuren, Störungen, Verschiebungen, Hebungen, Senkungen u. a.).

Terrestrisch = dem Lande angehörig, auf dem Lande gebildet; marin = im und aus dem Meere; fluviatil = durch die Tätigkeit eines Fließgewässers entstanden;; fluviomarin = von Fließgewässern ins Meer geschüttet; fluviglazial = vom Gletscherschmelzwasser transportiert; brackisch = in einer Mischung von Meer- und Süßwasser (vor Flußmündungen, in abgeschnürten Meeresteilen) entstanden; limnisch = aus einer (stehenden) Süßwasseransammlung stammend.

Ton, ein Sediment aus vielerlei Mineralen (Kaolinit, Montmorillonit, Illit u. a.) entsteht hauptsächlich in chemischen Verwitterungsprozessen feldspathaltiger Gesteine und vulkanischer Aschen, auch impaktitischer Auswurfmassen. Ton kommt in Gewässern als Schweb oder Trübe zum Absatz. Im Laufe geologischer Zeiten verfestigt er sich (in der Diagenese) unter dem Druck des überlagernden Materials zu Tonstein. Die Tonablagerungen Mitteleuropas im Miozän und später sind in der Regel noch heute schneidbar weich und plastisch. Ton nimmt leicht Wasser auf und quillt. Ist er wassergesättigt, wirkt er als Wasserstauer. Tonschichten setzen sich infolge der geringen inneren Reibung leicht in Bewegung, Rutschungen sind die Folge.

Mischt sich unter den Ton Karbonat, entsteht der Mergel. Das Mischungsverhältnis schwankt zwischen 85 Prozent Kalk zu 15 Prozent Ton = mergeliger Kalk und 5 Prozent Kalk zu 95 Prozent Ton = mergeliger Ton.

Letten – in Ostbayern und Österreich auch Tegel genannt – sind die in Nähe der Erdoberfläche schmierig weich gewordenen, im Wasser stark quellenden und blättrig trocknenden tonreichen Mergel.

Lehm ist kein Sedimentgestein, sondern ein sekundär gebildetes Verwitterungs- und Entkalkungsprodukt mit Anreicherung der Tonkomponente, fast immer durch Eisenverbindungen braun bis gelbbraun gefärbt.

Literatur

ADAM, K. D. (1977): Die mittelpleistozänen Schotter der unteren Murr (Baden-Württemberg) und ihre Säugetier-Faunen. – Jber. Mitt. oberrhein. geol. Ver., 59, 83–89, Stuttgart.
– (1977): Die altpleistozänen Säugetier-Faunen der Frankenbacher und Lauffener Schotter (Baden-Württemberg). – Jber. Mitt. oberrhein. geol. Ver., 59, 75–78, Stuttgart.
APPEL, M. (1985): Meteoritisches Eisen auf der Altmühlalb. – Z. dt. geol. Ges., 136, 1–10, Hannover.
BACHMANN, G. H. GWINNER, M. P. (1971): Nordwürttemberg. – Sammlg. geol. Führer, 54, 168 S., Berlin/Stuttgart.
BACKHAUS, E. (1967): Die altpleistozäne (Mosbacher) Schotterterrasse von Hainstadt. – Nachr. Naturwiss. Museum d. Stadt Aschaffenburg, 74, 105–107, Aschaffenburg.
BACKHAUS, E. STOLBA, R. (1967): Junge Bruchschollentektonik im unteren Maintal zwischen Rüdenau und Trennfurt (Obernburger Graben). – Jber. Mitt. oberrhein. geol. Ver., 49, 147–156, Stuttgart.
BARTZ, J. (1959): Zur Gliederung des Pleistozäns im Oberrheingebiet. – Z. dt.geol. Ges., 111, 653–661, Hannover.
– (1982): Quartär und Jungtertiär II im Oberrheingraben im Raum Karlsruhe. – Geol. Jb. (A), 63, 3–237, Hannover.
BECKSMANN, E. (1957): 50 Jahre Forschung um den Homo heidelbergensis. – Ruperto-Carola, 22, 3–6, Heidelberg.
– (1966): Erdgeschichte und Architektur der Landschaft. – In: Die Stadt und der Landkreis Heidelberg und Mannheim, 1, 7–27, Heidelberg u. Mannheim.
BERGER, K. (1973): Obermiozäne Sedimente mit Süßwasserkalken im Rezat-Rednitz-Gebiet von Pleinfeld-Spalt und Georgensgmünd/Mfr. – Geologica Bavarica, 67, 238–248, München.
BIBUS, E. (1983): Distribution and Dimension of Young Tectonics in the Neuwied Basin and the Lower Midde Rhine. – in: Plateau Uplift – The Rhenish Shield, S. 55–61, Berlin-Heidelberg-New York-Tokio.
BINDER, J. (1983): Vorkommen fossilführender Schotter in der Schulerloch-Höhle im Altmühltal. – Weltenburger Ak, Erwin Rutte-Festschr., 35–40, Kelheim/Weltenburg.
– (1984): Geologische Kartierung des Gebietes zwischen Donau bei Kloster Weltenburg und Altmühl am Großen Schulerloch. – Weltenburger Ak., Gruppe Gesch., 1–35, Geol.Karte, 10 Abb., Kelheim/Weltenburg.
– (1984): Geologie des Großen Schulerloches. – In: Das Große Schulerloch – Die Tropfsteinhöhle im Altmühltal (Hg. Gruber), 69–116, Reinhausen/Regensburg.
BIRZER, F. (1951): Der Ludwigs-Donau-Main-Kanal, baugeologisch betrachtet. – Geol. Bl. NO-Bayern, 1, 29–37, Erlangen.
– (1974): Die Dammrutschung am Ludwigs-Kanal bei Ölsbach. – Geol. Bl. NO-Bayern, 24, 285–291, Erlangen.
BLOOS, G. (1977): Zur Geologie des Quartärs bei Steinheim an der Murr (Baden-Württemberg). – Jber. Mitt. oberrhein. geol. Ver., 59, 215–246, Stuttgart.
BLÜMEL, W.-D. (1983): Höhenschotter an Enz und Neckar – ein Beitrag zur Reliefgeneration der Breitterrassen. – Geöokodynamik, 4, 209–226, Darmstadt.
BRÜNING, H. (1970): Zur Klima-Stratigraphie der pleistozänen Mosbacher Sande bei Wiesbaden (Hessen). – Mainzer Naturw. Arch., 9, 204–256, Mainz.
– (1972): Das Rhein-Main-Gebiet in den quartäreiszeitlichen Periglazialbereichen. – Jber. Mitt. oberrhein. geol. Ver., 54, 79–100, Stuttgart.
– (1974): Das Quartärprofil im Dyckerhoff-Steinbruch Wiesbaden/Hessen. – Rhein.-Main. Forsch., 78, 57–81, Frankfurt/Main.
BRUNNACKER, K. BOENIGK, W. (1983): The Rhine Valley Between the Neuwied Basin and the Lower Rhenish Embayment. – In: Plateau Uplift – The Rhenish Shield, 62–72, Berlin-Heidelberg-New York-Tokio.
CZARNETZKI, A. (1983): Zur Entwicklung des Menschen in Südwestdeutschland. – In: Urgeschichte in Baden-Württemberg, 217–240, Stuttgart.

DONGUS, H. (1960): Das Alter der Taleintiefung auf der Niederen Flächenalb. – Jber. Mitt. oberrhein. geol. Ver., 42, 55–62, Stuttgart.

– (1977): Die Oberflächenformen der Schwäbischen Alb und ihres Vorlandes. – Marburger Geogr. Schr., H 72, 1–486, 32 Kt., Marburg.

DOPPERT, J. W. Chr., RUEGG, G. H. J., VAN STAALDUINEN, C. J., ZAGWIJN, W. H. ZANDSTRA, J. G. (1975): 2. Lithostratigrafie. – Formaties van Het Kwartair en Boven-Tertiair in Nederland. – In: Toelichting bij Geologische Overzichtskarten vom Nederland, 11–67, Rijks Geolog. Dienst Haarlem.

ENGESSER, B., MATTER, A. WEIDMANN, M. (1981): Stratigraphie und Säugetierfaunen des mittleren Miozäns von Vermes (Kt. Jura). – Eclogae geol. Helv., 74, 893–952, Basel.

ENGESSER, B. (1972): Die obermiozäne Säugetierfauna von Anwil (Baselland). – Tätigkeitsbericht Naturf. Ges. Baselland, 28, 363 S., Basel.

ERB, L., HAUS, H. A. RUTTE, E. (1961): Geologische Karte von Baden/Württemberg 1:25 000 – Erläuterungen zu Blatt 8120 Stockach. – 140 S., Stuttgart.

FAHLBUSCH, V., GALL, H. SCHMIDT-KITTLER (1974): Die obermiozäne Fossil-Lagerstätte Sandelzhausen. 10. Die Grabungen 1970–73. Beiträge zur Sedimentologie und Fauna. – Mitt. Bayer. Staatssammlg. Paläont. hist. Geol., 14, 103–128, München.

FAHLBUSCH, V. (1981): Miozän und Pliozän – Was ist das? Zur Gliederung des Jungtertiärs in Süddeutschland – Mittl. Bayer. Staatssammlg. Paläont. hist. Geol., 21: 121–127, 1 Tab., München.

FINK, J. PIFFL, L. (1976): Exkursion durch den österreichischen Teil des nördlichen Alpenvorlandes und den Donauraum zwischen Krems und Wiener Pforte. Mit einem Beitrag von RABEDER, G., »Kleinsäugerfauna«. – Mitt. Komm. Quartärforsch. österr. Ak. Wiss., 1, 91–113, Wien.

FUCHS, W. (1980): Die Molasse und ihr nichthelvetischer Vorlandanteil am Untergrund einschließlich der Sedimente auf der Böhmischen Masse. – In: Der geologische Aufbau Österreichs, hg. v. d. geolog. Bundesanstalt, 144–176, Wien, New York.

– (1980): Das Werden der Landschaftsräume seit dem Oberpliozän. – In: Der geologische Aufbau Österreichs, hg. v. d. geolog. Bundesanstalt, 498–504, Wien, New York.

GEYER, O. F. GWINNER, M. P. (1979): Die Schwäbische Alb und ihr Vorland. – Sammlg. geol. Führer, 67, 271 S., 36 Abb., 14 Taf., Berlin-Stuttgart.

GEYH, M. A. (1980): Einführung in die Methoden der physikalischen und chemischen Alterbestimmung. – Darmstadt.

GRAUL, H. (1983): Die Paläogeographie des Eiszeitalters. – In: Urgeschichte in Baden-Württemberg, 33–64, Stuttgart.

GRÜNDER, J. (1985): Ingenieurgeologische Probleme am Main-Donau-Kanal (Exkursion E am 13. April 1985). – Jber. Mitt. oberrhein. geol. Ver., 67, 83–90, Stuttgart.

GUENTHER, E. W. MAI, H. (1977): Die pleistozänen Schichten von Jockgrim in der Rheinpfalz. – Schr. Naturw. Ver. Schlesw.-Holst., 47, 5–24, Kiel.

HAHN, W. SCHREINER, A. (1976): Geologische Untersuchungen beim Bau der Autobahnstrecke Geisingen–Engen (Baden-Württemberg). – Jber. Mitt. oberrhein. geol. Ver., 58, 83–99, Stuttgart.

HANTKE, R. (1978, 1980, 1983): Eiszeitalter. – Bände 1, 2, 3; Ott Thun.

HAUBER, L. (1982): Querschnitt durch das Juragebirge zwischen Biel und Ajoie (Exkursion C am 15. und 16. April 1982). – Jber. Mitt. oberrhein. geol. Ver., 64, 39–46, Stuttgart.

HEIM, D. (1970): Zur Petrographie und Genese der Mosbacher Sande. – Mainzer Naturw. Arch., 9, 83–117, Mainz.

HEIZMANN, E. P. J., GINSBURG, L. BULOT, Ch. (1980): *Prosansanosmilus peregrinus*, ein neuer machairodontider Felide aus dem Miocän Deutschlands und Frankreichs. – Stuttgarter Beitr. Naturk., B, 58, 27 S., Stuttgart.

HEIZMANN, E. P. J. (1983): Die Gattung *Cainotherium* (Cainotheriidae) im Orleanium und im Astaracium Süddeutschlands. – Eclogae geol. Helv., 76, 781–825, Basel.

– (1984): Deinotherium im Unter-Miozän von Langenau und seine Bedeutung für die Untergliederung der Molasse. – Heimatl. Schriftenreihe f. d. Landkreis Günzburg, 2, 36–39, Günzburg.

HEIZMANN, E. P. J. FAHLBUSCH, V. (1983): Die mittelmiozäne Wirbeltierfauna vom Steinberg (Nördlinger Ries). Eine Übersicht. – Mitt. Bayer. Staatssammlg. Paläont. hist. Geol., 23, 83–93, München.

HOFFMANN, U. (1962): Zur Geologie des Maintales bei Marktbreit. – Abh. naturwiss. Ver. Würzburg, 3, 205–217, Würzburg.

HUCKENHOLZ, H. G. SCHRÖDER, B. (1985): Tertiärer Vulkanismus im bayerischen Teil des Eger-Grabens und des mesozoischen Vorlandes (Exkursion G am 13. April 1985). – Jber. Mitt. oberrhein. geol. Ver., 67, 107–124, Stuttgart.

IRTENKAUF, W. (1984): Die ersten Beschreibungen von Gesteinen der Altmühlalb. – Weltenburger Ak., Gruppe Gesch., 1–8, Kelheim/Weltenburg.

KAHLKE, H. D. (1961): Revision der Säugetierfaunen der klassischen deutschen Pleistozän-Fundstellen von Süßenborn, Mosbach und Taubach. – Geologie, 10, 493–532, Berlin.

– (1982): *Hippopotamus antiquus* DESMAREST 1822, aus dem Pleistozän von Meiningen in Südthüringen (Bezirk Suhl). – Z. geol. Wiss., 10, 943–949, Berlin.

KAHLKE, H.-D., EISSMANN, L. WIEGANK, F. (1984): Die Neogen/Quartärgrenze – Territorium der Deutschen Demokratischen Republik. – Z. f. angew. Geol., 30, 44–48, Berlin.

KAISER, K. H. (1961): Gliederung und Formenschatz des Pliozäns und Quartärs am Mittel- und Niederrhein sowie in den angrenzenden Niederlanden unter besonderer Berücksichtigung der Rheinterrassen. – Festschr. Deutsch. Geogr. Tag Köln 1961, Wiesbaden.

KAULICH, P. NADLER, M. REISCH, L. (1978): Führer zu urgeschichtlichen Höhlenfundplätzen des unteren Altmühltales. – Tagg. d. Hugo Obermaier-Ges. in Regensburg, 68 S., Erlangen.

KELBER, K.-P. (1980): Blatt- und Fruchtreste aus dem Jungtertiär von Wollbach, Unterfranken. – Cour. Forsch.-Inst. Senckenberg, 42, 40–42, Frankfurt a. M.

KOENIGSWALD, W. VON LÖSCHER, M. (1982): Jungpleistozäne *Hippopotamus*-Funde aus der Oberrheinebene und ihre biogeographische Bedeutung. – N. Jb. Geol. Paläont., Abh. 163, 331–348, Stuttgart.

KOENIGSWALD, W. VON (1983): Die Säugetierfauna des süddeutschen Pleistozäns. – In: Urgeschichte in Baden-Württemberg, 167–216, Stuttgart.

KÖRBER, H. (1962): Die Entwicklung des Maintals. – Würzburger Geogr. Arb., 170 S., Würzburg.

KRAUTER, K.-G. ROTHER, L. (Hg.) (1982): Erdkunde für Baden-Württemberg, 10. – 105 S., Stuttgart.

LAUBSCHER, H. (1982): Geologie der Freiberge und des Doubstales (Exkursion B am 15. und 16. April 1982). – Jber. Mitt. oberrhein. geol. Ver., 64, 29–37, 6 Abb., Stuttgart.

LEITZ, F. SCHRÖDER, B. (1985): Die Randfazies der Trias und Bruchschollenland südöstlich Bayreuth (Exkursion C am 11. u. 12. April 1985). – Jber. Mitt. oberrhein. geol. Ver., 67, 51–63, Stuttgart.

LEMCKE, K. (1975): Molasse und vortertiärer Untergrund im Westteil des süddeutschen Alpenvorlandes. – Jber. Mitt. oberrhein. geol. Ver., 57, 87–115, Stuttgart.

– (1981): Das heutige geologische Bild des deutschen Alpenvorlandes nach drei Jahrzehnten Öl- und Gasexploration. – Eclogae geol. Helv., 74, 1–18, Basel.

– (1984): Geologische Vorgänge in den Alpen ab Obereozän im Spiegel vor allem der deutschen Molasse. – Geol. Rdsch., 73, 371–397, 14 Abb., Stuttgart.

LETSCH, W. J. W. SISSINGH (1983): Tertiary stratigraphy of the Netherlands. – Geol. Mijnbouw 62, 305–318, Amsterdam.

LIETZ, J. MANZE, U. (1976): Neue Kieseloolithfunde aus den Liegendschichten der niederrheinischen Hauptflözgruppe und ihre Bedeutung für die Frage nach dem Alter des Rheins. – Braunkohle, 11, 417–420, Köln.

LINCK, O. (1960): Die Höhenschotter-Gerölle vom Leuchtmannshof bei Neckarwestheim. – Jber. Mitt. oberrhein. geol. Ver., 42, 97–108, Stuttgart.

LINIGER, H. (1963): Zur Revision des Pontien im Berner Jura. – Ecl. geol. Helv., 56, 165–174, Basel.

– (1966): Das Plio-Altpleistozäne Flußnetz der Nordschweiz. – Regio Basiliensis, 7, 158–177, Basel.

– (1967): Pliozän und Tektonik des Juragebirges. – Ecl. geol. Helv., 60, 407–490, Basel.

LINIGER, H. HOFMANN, F. (1965): Das Alter des Sundgauschotters westlich Basel. – Ecl. geol. Helv., 58, 215–229, Basel.

LORENZ, V. (1982): Zur Vulkanologie der Tuffschlote der Schwäbischen Alb. – Jber. Mitt. oberrhein. geol. Ver., 64, 167–200, 6 Abb., Stuttgart.

LOUIS, H. (1976): Zur Anlage des Mittelrheins. – Z. Geomorph., N. F., 20, 124–127, Berlin.

LUEGER, J. P. (1978): Klimaentwicklung im Pannon und Pont des Wiener Beckens aufgrund von Landschneckenfaunen. – Anz. österr. Ak. Wiss. mathem.-naturwiss. Kl., 6, 138–149, Wien.

MAI, H. (1979): Die Biberart *Trogontherium* aus den Mosbacher Sanden bei Wiesbaden. – Mainzer Naturw. Archiv, 17, 41–64, Mainz.

MANIA, D. (1978): Bilzingsleben (Thüringen) – Ein mittelpleistozäner Travertin mit *Homo erectus*-Fund. – Wiss. Beitr. d. Martin-Luther-Univ. Halle-Wittenberg, 30, 5–26, Halle (Saale).

NEUFFER, F. O. IGEL, W. (1983): Ein Wasserbüffel-Fund aus pleistozänen Schottern bei Eich (nördlicher Oberrheingraben). – Mainzer Naturw. Archiv, 21, 187–197, Mainz.

NOBIS, G. (1981): *Equus mosbachensis v. Reichenau* aus Ablagerungen des cromerzeitlichen Mains von Randersacker bei Würzburg. – Quartärpaläontol., 4, 93–104, Berlin.

PAPP, A. (1959): Tertiär – Erster Teil. – 411 S., Stuttgart.

QUITZOW, H. W. (1974): Das Rheintal und seine Entstehung. – Centenaire de la Soc. géol. Belgique, 53–104, Liège.

RABEDER, G. (1976): Schottergrube Stranzendorf. Kleinsäugerfauna – In: Mitt. Komm. Quartärforsch. österr. Ak. Wiss., 1, 108–109, Wien.

REIFF, W., SCHLOZ, W. GROSCHOPF, P. (1980): Geologie der Ostalb: oberer Weißer Jura, tertiäre Albüberdeckung, Verkarstung, Karsthydrologie, Landschaftsgeschichte, Meteorkrater Steinheimer Becken (Exkursion H am 11. und 12. April 1980). – Jber. Mitt. oberrhein. geol. Ver., 62, 71–93, 3 Abb., 2 Tab., Stuttgart.

RÖGL, F., STEININGER, F. F. MÜLLER, C. (1978): Middle Miocene salinity crisis and Paleogeography of the Paratethys (Middle and Eastern Europe). – In: Initial Rep. Deep Sea Prill Proj., 42, 985–990, Washington.

RÖGL, F. (1980): Biostratigraphie und Paläogeographie. – In: Erdöl und Erdgas in Österreich, 247–251, Naturhist. Museum Wien.

ROOS, W. F. (1976): Kartierung von Alemoniten im Ostteil der Südlichen Frankenalb. – Oberrhein. geol. Abh., 25, 75–95, Karlsruhe.

ROTHAUSEN, K. SONNE, V. (1984): Mainzer Becken. – Sammlg. geol. Führer, 79, 203 S., 47 Taf., Berlin-Stuttgart.

RUST, A. (1978): Ein frühpleistozänes Kalkartefakt von Würzburg-Schalksberg. – Eiszeitalter u. Gegenwart, 28, 96–112, Öhringen.

RUTTE, E. (1950): Über Jungtertiär und Altdiluvium im südlichen Oberrheingebiet. – Ber. naturf. Ges. Freiburg i. Br., 40, 23–122, Freiburg i. Br.

– (1952): Grobsand und Muschelsandstein in der miozänen Meeresmolasse des nordwestlichen Bodenseegebietes. – N. Jb. Geol. Paläont., Mh., 295–304, Stuttgart.

– (1952): Die Hochbühlstörung in der Molasse bei Owingen (nördl. Überlingen am Bodensee). – Ber. naturf. Ges. Freiburg i. Br., 42, 235–241, Freiburg i. Br.

– (1953): Der fossile Karst der südbadischen Vorbergzone. – Jber. Mitt. oberrhein. geol. Ver., 1951, 33, 1–43, Stuttgart.

– (1955): Der Albstein in der miozänen Molasse Südwestdeutschlands. – Z. dt. geol. Ges., 105, 360–383, Hannover.

– (1956): Die Geologie des Schienerberges (Bodensee) und der Öhninger Fundstätten. – N. Jb. Geol. Paläont., Abh. 102, 143–282, Stuttgart.

– (1956): Zur Geologie des westlichen Schienerberges zwischen Herrentisch und Stein am Rhein. – Eclogae geol. Helv., 49, 97–111, Basel.

– (1956–1958): Die Geologie von Alling-Kapfelberg (zwischen Kelheim und Regensburg) und die Wirbeltierfundstätte in der obermiozänen Braunkohle von Viehhausen. – Acta Albertina Ratisbon., 22, 36–85, Regensburg.

– (1958): Die Fundstelle altpleistozäner Wirbeltiere von Randersacker bei Würzburg. – Geol. Jb., 73, 737–754, Hannover.

– (1962): Erläuterungen zur Geologischen Karte von Bayern 1:25000, Blatt Kelheim Nr. 7073. – Bayer. geol. Landesamt, 243 S., Geol. Karte, München.

– (1963): Karst- und Überdeckungsbildungen im Gebiet von Kelheim. – Quartär, 14, 69–80, Bonn.

– (1964): Geologie, Paläontologie, Mineralogie. – In: Westermanns Lexikon der Geographie, 104 S., Braunschweig.

– (1967): Die Cromer-Wirbeltierfundstelle Würzburg-Schalksberg. – Abh. naturwiss. Ver. Würzburg, 8, 1–26, Würzburg.

– (1970): Geologischer Führer Weltenburger Enge. – 52 S., Kelheim.

– (1970): Neue Daten zur Geologie des Bereichs von Kelheim. – Geol. Bl. NO-Bayern, 20, 119–139, Erlangen.

- (1971): Die Geschichte der Vogelsburg. – Mainfränk. Heimatkde., 15, 7–11, Würzburg.
- (1971): Pliopleistozäne Daten zur Änderung der Hauptabdachung im Main-Gebiet, Süddeutschland. – Z. Geomorph., N. F., Suppl. Bd. 12, 51–72, Berlin/Stuttgart.
- (1974): Hundert Hinweise zur Geologie der Rhön. – 95 S., München.
- (1974): Neue Befunde zu Astroblemen und Alemoniten in der Schweifregion des Rieskometen. – Oberrhein. geol. Abh., 23, 97–126, Karlsruhe.
- (1975): Mainfranken-Grabfeldgau-Rhön, geologischer Abriß und wichtigste Forschungsergebnisse. – Führer zu vor- u. frühgesch. Denkmälern, 27, 6–21, Mainz.
- (1977): Bemerkungen zur Formation Quartär. – Ber. naturf. Ges. Freiburg i. Br. 67 (Pfannenstiel-Gedenkband), 287–296, Freiburg i. Br.
- (1980) (zus. mit J. D. BECKER-PLATEN): Cypriniden-Schlundzähne (Pisces) aus dem Känozoikum der Türkei. – Newsl. Stratigr., 8, 191–222, Berlin/Stuttgart.
- (1980) (zus. mit A. VAN DE WEERD): Cypriniden-Schlundzähne west- und südosteuropäischer Tertiär-Lokalitäten. – Newsl. Stratigr., 8, 223–231, Berlin/Stuttgart.
- (1981): Bayerns Erdgeschichte. – 266 S., München.
- (1981): Geologie im Landkreis Kelheim. – In: Landkreisbuch Kelheim, 48 S., Kelheim.
- (1982): Natursteine der Befreiungshalle Kelheim. – Weltenburger Ak., Gruppe Gesch., 1–7, Kelheim/Weltenburg.
- (1982): Ein Aasfresserdepot aus der altpleistozänen Fossilfundstelle Würzburg-Schalksberg. – Beitr. anl. Inbetriebnahme Universitäts-Nerven-Klinik Würzburg, 23–48, Würzburg.
- (1983): Bioemergenz. Befunde der Paläontologie zur Entwicklungsgeschichte. – In: Evolution – Kritisch gesehen (Hg. A. Locker), 73–96, Pustet Salzburg.
- & WILCZEWSKI, N. (1983): Mainfranken und Rhön. – Sammlg. geol. Führer, 74, 217 S., Stuttgart.
- (1984): Der Bergbau auf Eisenerz in Viereichen im Frauenforst zwischen Kelheim und Regensburg. – Weltenburger Ak.; Gruppe Gesch., 1–23, Kelheim/Weltenburg.
- (1984): Bemerkungen zu einer geologischen Karte des Landkreises Würzburg. – Abh. naturwiss. Ver. Würzburg, 21/22, 25–41, 1 geol. Karte, Würzburg.
SCHAEFER, H. (1961): Die pontische Säugetierfauna von Charmoille (Jura bernois). – Eclogae geol. Helv., 54, 559–566, Basel.
- (1966): Die pontische Säugetierfauna von Charmoille (Jura bernois). I. Einleitung. Rodentia. – Verhandl. Naturf. Ges. Basel, 77, 87–96, Basel.
SCHAEFER, I. (1980): Der angebliche »altpleistozäne Donaulauf« im schwäbischen Alpenvorland. – Jber. Mitt. oberrhein. geol. Ver., 62, 167–198, Stuttgart.
SCHEER, H.-D. (1976): Die pleistozänen Flußterrassen in der östlichen Mainebene. – Geol. Jb. Hessen, 104, 61–86, Wiesbaden.
SCHIRMER, W. (1981): Holozäne Mainterrassen und ihr pleistozäner Rahmen. – Jber. Mitt. oberrhein. geol. Ver., 63, 103–115, Stuttgart.
- (1985): Malm und postjurassische Landschafts- und Flußgeschichte auf der Obermain- und Wiesentalb (Exkursion F am 13. April 1985). – Jber. Mitt. oberrhein. geol. Ver., 67, 91–106, Stuttgart.
SCHREINER, A. (1975): Zur Frage der tektonischen oder glazigen-fluviatilen Entstehung des Bodensees. – Jber. Mitt. oberrhein. geol. Ver., 57, 61–75, Stuttgart.
- (1976): Hegau und westlicher Bodensee. – Sammlg. geol. Führer, 62, 93 S., 22 Abb., 1 Tab., Berlin/Stuttgart.
- (1980): Albsüdrand, Tertiär und Quartär im Gebiet Zwiefalten-Bussen-Ulm (Exkursion I am 12. April 1980). – Jber. Mitt. oberrhein. geol. Ver., 62, 95–99, 2 Abb., Stuttgart.
SCHÜTT, G. (1974): Die Carnivoren von Würzburg-Schalksberg, mit einem Beitrag zur biostratigraphischen und zoogeographischen Stellung der altpleistozänen Wirbeltierfaunen vom Mittelmain (Unterfranken). – N. Jb. Geol. Paläontol., Abh. 147, 61–90, Stuttgart.
SCLATER, J. G., ROYDEN, L., HORVÁTH, F., BURCHFIEL, B. C., SEMKEN, S. STEGENA, L. (1980): The formation of the intra-carpathian basius as determined from subsidence data. – Earth and Plantetary Sc. Lett., 51, 139–162, Amsterdam.
SEIDEL, H. P. (1980): Planung und Bau der Rhein-Main-Donau-Wasserstraße im Abschnitt Nürnberg-Vilshofen. – Wasser und Boden, 3, 93–96, München.
SEMMEL, A. (1972): Fragen der Quartärstratigraphie im Mittel- und Oberrheingebiet. – Jber. Mitt. oberrhein. geol. Ver., 54, 61–71, Stuttgart.

– (1983): The Early Pleistocene Terraces of the Upper Middle Rhine ad its Southern Foreland – Questions Concerning Their Tectonic Interpretation. – in: Plateau Uplift – The Rhenisch-Shield, S. 49–54, Berlin-Heidelberg-New York-Tokio.

SOFFEL, H. (1985): Paläomagnetismus. – In: Angewandte Geowissenschaften. – Hg. F. BENDER, Bd. 2. – Stuttgart.

STÄBLEIN, G. (1968): Reliefgenerationen der Vorderpfalz. – Würzburger geogr. Arb., 23, 192 S., Würzburg.

STREIF, H. (1985): Südliche Nordsee im Eiszeitalter. – Forschung-Mitt. der DFG 1/85, 9–11, Weinheim.

TILLMANN, H. (1964): Jungtertiäre Sedimente am Rand des Grundgebirges Ostbayerns. – In: Erläuterungen z. Geol. Karte von Bayern 1:500000, 195–213, München.

TILLMANNS, W. (1977): Zur Geschichte von Urmain und Urdonau zwischen Bamberg, Neuburg/Donau und Regensburg. – Sonderveröff. Geol. Inst. Univ. Köln, 30, 198 S., Köln.

– (1980): Zur plio-pleistozänen Flußgeschichte von Donau und Main in Nordostbayern. – Jber. Mitt. oberrhein. geol. Ver., 62, 199–205, 3 Abb., Stuttgart.

TOBIEN, H. JÖRG, E. (1959): Die Ausgrabungen an der jungtertiären Fossilfundstätte Höwenegg/Hegau 1955–59. – Beitr. naturkdl. Forsch. Südwestdeutschland, 18, 175–181, Freiburg.

TOBIEN, H. (1968): Anancus arvernensis (CROIZET JOBERT) und Mammut borsoni (HAYS) (Proboscidea, Mamm.) aus den pleistozänen Mosbacher Sanden bei Wiesbaden (Hessen). – Mainzer Naturwiss. Arch., 7, 35–54, Mainz.

– (1975): Pleistozäne Warmzeiten und Säugetiere in Europa. – Quartärpaläontol., 1, 221–233, Berlin.

– (1983): Bemerkungen zur Taphonomie der spättertiären Säugerfauna aus den Dinotheriensanden Rheinhessens (Bundesrepublik Deutschland). – Weltenburger Ak., Erwin Rutte-Festschr., 191–200, 2 Abb., Kelheim/Weltenburg.

TRUNKÓ, L. (1984): Karlsruhe und Umgebung. – Sammlg. geol. Führer, 78, 227 S., Berlin-Stuttgart.

TRUSHEIM, F. (1981): Die Fundstelle pleistozäner Säugetiere im Karst von Karlstadt am Main. – Jber. Mitt. oberrhein. geol. Ver., 63, 165–179, Stuttgart.

VALENTIN, H. (1955): Die Grenze der letzten Vereisung im Nordseeraum. – Deutsch. Geographen-Tag, 359–366, Hamburg.

WAGNER, G. (1961): Erd- und Landschaftsgeschichte mit besonderer Berücksichtigung Süddeutschlands. – 3. Aufl., 682 S., Rau Öhringen.

WEBER, K. H. (1978): Geologische Karte von Bayern 1:25000 – Erläuterungen zum Blatt Nr. 7137 Abensberg (mit Beiträgen versch. Autoren). – Bayer. Geol. Landesamt, 386 S., München.

WOLDSTEDT, P. (1958): Das Eiszeitalter. – Band 2, 2. Aufl., 438 S., Stuttgart.

ZAGWIJN, W. H. (1974): The Palaeogeographic evolution of the Netherlands during the Quaternary. – Geol. Mijnbow 53, 369–385, Amsterdam.

– (1979): Early and Middle Pleistocene coastlines in the southern North Sea basin. – Acta Univ. Upsala – Symp. Univ. Ups. Ann. Quing. Cel.: 2.

ZAPFE, H. (1969): Das Vorkommen fossiler Landwirbeltiere im Jungtertiär Österreichs und besonders des Wiener Beckens. – Sitzber. d. österr. Ak. Wiss., mathem.-naturwiss. Kl.; Abh. 1, 177, 65–87, Wien.

Ortsverzeichnis